あなたの出身星がわかる本

あなたは どの星から 来たのか？

ファルス
（銀河連盟に所属する6.2次元の宇宙存在）

ヒカルランド

多くの意識生命体が存在するオリオン星系は、
星のゆりかごといわれる領域から、
朽ちて新たに超新星として生まれゆく星まで、
実に多重構造になっています。
銀河連盟の本部が置かれているのはこの領域です。
地球に多く転生している
オリオン星系の住人はリゲル人で、
器用で高い知性を持っています。
日本人はリゲル出身の魂が多く集まっています。

プレアデス星系はアルシオン、メウロペ、マイヤ、タイゲタ、セレノ、エレクトラ、アトラス、ラー（太陽）などの恒星を持っていて、プレアデス評議会というテレパシックなネットワークで繋がっています。

地球に一番多く転生しているのが、アトラス星出身のアトラン人です。誇り高く、独立独歩の気風を持ちます。

プレアデス星系の共通した性質は、慈悲深く愛に満ちた明るいバイブレーションを放っていることです。

シリウスは二重連星になっていて、
AとBに分かれています。シリウスA人は
宇宙エンジニアと情報伝達の役割を持っています。
高度な技術を駆使してエジプト文明を創成させ、
現人類の礎《いしずえ》を創りました。哲学者や宗教者、
科学者には、シリウスB出身の魂が
多く転生しています。直感的で独創的な性質を持ち、
静けさと調和を愛し、隠遁《いんとん》的な生活を好みます。

牛飼い座のアルクトゥールス人は、

非常に精神性が高く、慈悲深い友好的な種族です。
銀河中心の高周波と同時共振し、
銀河の種全体の進化に関与していて、
大調和と平和をもたらす大セントラルサンの領域です。
虹の出現には、アルクトゥールスのバイブレーションが含まれています。

太陽はあなたがたが思っているような
ガス星などではなく、
中には個体があり、海も陸もあります。
あなたが見ている太陽は、
その周りを覆っているプラズマの被膜であり、
太陽深部にあるプラズマと共振しながら、
太陽系磁場全体を保護しています。
太陽内部には生命種がいて、
非常に高いバイブレーションを放っています。

ニブル星は太陽系惑星の12番目の星で、
ニブル人アヌンナキはもとはプレアデスからの
一集団が転生しましたが、しだいに
レプティリアン（爬虫類人）種との
ハイブリッド化が進みました。
ニブル星の大気にシールドを張るべく、金の元素を
求めて地球を訪れ、やがてガイア人と自らの
DNAを混ぜて、現在の地球人を創造しました。
トカゲや蛇、恐竜とも関係があります。

はじめに——「さあ、あなたの出身星を見つけましょう」

私の名はファルス。銀河連盟に所属する6・2次元の宇宙存在です。シリウスBを活動拠点としている意識体で、地球人とは少し組成が違いますが、肉体の乗り物も持っています。

私の多次元自己の一部である三次元媒体Tを通して、これから起こる宇宙黎《れい》明《めい》時代のサポートをさせていただきます。

こうして、あなたたちと本書を通してエネルギー交換ができることを、大変光栄に思います。

この本では、行間に、私たち銀河連盟から送られる光と調和の周波数を織り込んでいます。それはあなたたちの認識がより安全、安心のもとに広げられていくためのもので、恐怖や不安を増幅させるために織り込まれているわけではありません。

私たちはいくつかの星系からなるチームで活動しており、銀河連盟および宇宙連合として、この銀河系における始源の響きと共振して、愛と創造性を推進させるお手伝いをしています。その中における私の役割は、地球がこれから経験するであろう通過儀礼に対して、情報提供とエネルギーの受発信、および共振を通してサポートさせていただくといったものです。

では、あなたたちの惑星はこれからどうなるのでしょうか？

端的にいいましょう。

それは、そう遠くない将来のうちに次元転換が起こり、地球の住人であるあなたたちは、複数の次元を同時に扱うことができる多次元体として活動するようになります。

それには、まだ固定された現実があると思っている、現行の三次元時空のうちに、多次元領域について慣らしておく必要があります。

そのために、あなたたちが「宇宙人」と呼んでいる存在についても、一部、情報公開することに致しました。


宇宙人ですって？


まずあなたが最初にイメージする宇宙人は邪悪で、悪意に満ちた存在であるかもしれませんね。目が大きくて、細い手足の存在だと思うかもしれません。

もしくは、地球を救ってくれるスーパーヒーローのような存在であると思っている人もいるでしょう。

確かにそういった存在もいることはいます。

けれども考えてみてください。

同じ地球においても、さまざまな人種や異なる顔があるように、あるいは地球の生態系は昆虫から両生類、魚類、鳥類、哺乳類……といったように、さまざまな種が混在し、同じ生命圏の中で活動しているように、一口に「宇宙人」といっても多種多様のバラエティに富んでいるのです。

いいえ、その宇宙人とは、あなたそのものであるといったら……あなたはどう思うでしょうか。

本当のところ、そうなのです。

今、あなたは地球人の服装をして地球人に成りすましていますが、あなたの魂である本質の部分を見ると、真に地球生まれの地球人の魂を持つ人は、70億いるといわれる現在の人口の中でも1割強あるかないかの程度にすぎません。

そうです。

あなたが宇宙人だったのです。

正確には宇宙魂を持つ地球人である、ということになります。

現在、地球意識であるガイアの振動数が上がっているため、やがてあなたは、あなたとしての生を生きている間に、異なる次元の存在とも交流が始まっていくことになるでしょう。


そのときあなたはどう反応するのでしょうか？

怯《おび》えるのでしょうか？

待っていました！　と従うのでしょうか？


その鍵を開くヒントは、あなたの内面にあります。

あなたの内面に眠っている、宇宙魂を目覚めさせればよいのです。
それには、あなたの魂の系譜である出身星を知ることが早道です。

出身星とは、自分の魂が生まれた星、あるいは自分が多く過ごした星、または多次元自己の一部が現在進行形として活動している領域の星のことを指します。

あなたがその星の自己と融合することで、これからの宇宙黎明時代を生きる上で、大いなるサポートを得ることでしょう。
それは銀河を航海する、あなた専用のナビゲーターを持つのと同じ働きをします。

どうぞ本書を一つの手がかりとして、直観力を耕し、あなたの出身星との親和性を高め、高次元用ナビゲーターを手にしてください。

あなたは次元間旅人であり、まぎれもなく多次元存在です。
あなたは地球人であり、同時に、宇宙人です。

さあ、あなたの出身星を見つけましょう。
ようこそ、多次元宇宙の旅が始まります。

あなたはどの星から来たのか？

目次

第3章 自分の出身星と繋がる三つの方法

第4章 宇宙連合からのメッセージ——あなたの周波数は変えられる

デザイン　オグエタマムシ／
百足屋ユウコ（ムシカゴグラフィクス）
校正　麦秋アートセンター
本文仮名書体　蒼穹仮名（キャップス）

第1章

あなたの故郷の星はどこ？

宇宙魂を持つ人々

✸地球以外の星で生まれた魂がワンダラーです

あなたたちは地球人の両親から生まれ、地球人として育ち、今に至っています。ですので、まぎれもなくあなたは地球惑星に住む地球人ということになります。

けれども、地球人として存在している本質の部分、つまり魂と呼ばれている内奥の部分は、決して地球だけに限定されません。

むしろ、地球以外の星で生まれた魂のほうが、ほとんどなのです。

現在の地球において、地球系以外の魂の系譜を持つ宇宙魂が地球人として転生している割合は87パーセントです。

つまり10人に9人弱は宇宙魂であるということです。その存在のことを、**ワンダラー**といいます。

しかしながら、自分がワンダラーであると自覚する人は大変少数で、通常は何かしらの違和感を抱えながらも、この次元の限定された思考と現実認識によって眠ったままの状態で（決して目覚めることはなく）肉体を脱ぐまで過ごす方がほとんどです。

現代の地球においてもワンダラーであると自覚し、目覚めた魂は数パーセントしかいません。

なお、ワンダラーの他に、宇宙人としての意識体で活動しているまま地球人となっている存在もいます。この存在たちは**ウォークイン**と呼ばれ、宇宙存在が地球人種の中にすっぽり入り込んでいるものです。

この他にも、宇宙存在が地球人の外見に成りすますシェイプシフトというかたちをとることもあります。

さて、地球由来の魂である地球人（ガイア人）ですが、これは現在の人口の約13パーセントを占めており、比較的、有色人種の中に多く出現します。

地球人種の特徴は、農耕的で牧歌的な性質を持ち、おおむね戦闘を好まず平和主義です。地球意識（ガイア意識）と共振しながら暮らすことを好みます。

もちろんのこと、地球由来の魂のガイア人も宇宙存在から見れば、立派な宇宙の同胞です。

このように、**地球人の肉体を持っていても、魂の系譜は宇宙起源**となっていきます。

あなたが家系図や先祖を敬うように、魂のルーツを辿ることは、あなたの認識をより広げるだけではなく、これからの変化におけるあなた専用の使い勝手のよい宇宙のカーナビを手にするようなものです。

ではここで、「出身星」に対する定義付けを三つ再確認しましょう。

地球では、三つの概念すべてを「出身星」と一つの言葉で呼んでいるようです。それは左記の三つです。

①自分の魂が形成された星。

②自分が多く転生していた星。

③自分の多次元が現在進行形でいる星。

ちなみに私、ファルスを例にとれば、私の魂が形成された出身星はこの銀河系ではありません。銀河系宇宙から250万光年離れたアンドロメダ星雲のすぐ近くにある銀河、さんかく座銀河からやってきました。

次に、私の意識が多く転生していた星は、アルクトゥールスとベガであり、それぞれの星系の特徴を生かして、霊的学びを深めました。

最後に多次元の自己存在が、同時多発的かつ現在進行形で活動している星系は、主にプレアデスとオリオン、そして地球です。

このように出身星といっても、実際はさまざまな捉え方の複合体であるということをご理解ください。

ですので、**出身星は一つというわけではなく、複数の次元を同時に扱っているため、次元ごとに出身星が違っていることがあるのです。**

ではこの知覚・認識を得るために、次元について簡単に説明しましょう。

次元とは何か？

――四次元までは制限と限界のある世界

次元を一言で説明すると、**時空間における周波数帯の相違のこと**を指します。

すべてのものは固有の振動数を持っています。

第1章

あなたの故郷の星はどこ？
宇宙魂を持つ人々

あなたも私も、あらゆるものがそうなのです。

それは物質であろうがなかろうが関係ありません。皆、波形と振幅と周期を宿しているエネルギー体として、存在しています。

地球の次元は三次元ですが、実際は三次元と四次元が重複されたバイブレーション帯の中で振動し、活動しています。

地球の科学では、一次元は直線、二次元は平面、三次元は立体として捉えていますが、これも一つの認識であり、物質的側面からしか見ることのできない地球科学の特性です。

私がいる6・2次元からの知覚での次元認識は以下のようになります。

一次元とは、ガイアの中核へと流れ込む、直線状のエネルギーであり、求心性の力を持ちます。地球上ではこのことを重力と呼んでいます。これは中心へと引き付けられる磁性の力であるため、科学者たちがいくら探しても、おそらくこれからも重力子（グラビトン）は未発見のままでしょう。

この次元を管轄しているガイア意識を私たちはジーと呼んでおり、私の星系であるシリウスからの叡智《えいち》を内包したまま結晶化させ、鉄クリスタルとして物質化されました。低くて重層なバイブレーションを持つ、大変パワフルな領域です。

ちなみに**ガイアの心臓中枢ともいえる一次元は、これからあなたが次元転換していく際の大切なキーステーションとなります。**

次に、**二次元とは、マントル部分から地殻、地表までの質に代表される、土と元素の領域を指します。**意識はまず、元素の中に宿ることで物質化が促され、やがて塊《かたまり》となることで、質量と密度がもたらされます。あなたがたの身体、そしてあなたが目にするものすべての中には二次元領域が内包されているのです。

そして三次元。あなたがたがいるところです。ここの特徴は**直線的な時間認識を持つ物質性の世界ということです。**

けれども地球人の精神活動領域（とりわけ感情というもの）は通常、四次元周波数帯に属します。また、地球をとりまくエーテル体も四次元に属しています。

四次元は、元型の領域です。三次元という物質化を図るまでの想念領域帯であるともいえます。

地球人は現在のところまで、約30万年にわたり、この周波数帯は厳重に管理されていました。つまり、アクセスブロックがかかっていたのです。

特に近年2000年間の締め付けはきつくなりました。

誰がアクセスブロックをかけたかって？

それはもちろん、異次元間人。つまり「宇宙人」です。

けれども、宇宙的変容を間近に迎えた今、このアクセスブロックが解除され、**あなたがたは自由に籠《かご》の鳥から抜け出すことが可能になりました。**

とはいえ、現代の地球人のほとんどは、ケージの蓋《ふた》が開いていることに気づいていません。

もしくは気づいていても、ケージの蓋を出ると、今の自分が解体してしまうかもしれない恐怖があるために、蓋が開いていることは知らなかったことにしようなどとして、見ようとはしていないようです。

それはなぜなのでしょう？

そんなに制限と限界のある世界がお好きですか？

✸十三次元はさまざまな銀河を統括する宇宙の根源

五次元は愛と創造性の領域です。フォトンによって包まれています。

あなたの心が平和で満ち足りて愛に溢《あふ》れているとき、あなたは物質性を持ちながら、五次元領域の振動数世界の住人となっています。

まずはここを目指しましょう。

ここではたくさんの宇宙の同胞たちが、あなたの訪れを待ちわびています。

六次元は、形態形成場の領域です。エネルギーマトリックスの原型が生まれるのはこの振動帯で、神聖幾何学によって管理されています。

基本のマトリックスは12×12の１４４パターンからなっており、13×20の形成母体の一つひとつに基本マトリックスパターンの原型が刻み込まれています。

七次元は、銀河の中心から発せられるフォトン軌道を司る領域で、銀河の中心と同じ形質を保ちながら、愛と情報を提供しています。地球では、時折アセンテッドマスターとして、七次元からの使者が肉体を持ち、現れます。

大天使界や菩薩《ぼさつ》界はおおむねこの周波数帯に属しています。

八次元は、銀河の中心から発せられるフォトン軌道の形質的バイブレーションを保っている領域で、この銀河系におけるあらゆる構造性のもとを担っています。銀河連合と呼ばれる、各星々を統括し調和的進化をサポートする機関（といっても地球人がイメージするようなものではありませんが）が活動しているのは、この次元です。

九次元は、銀河の中心の次元であり、永遠の闇の中において永遠の光を発する物質性の根源となる次元です。ここからは放射状に同期周期が放たれており、星々が生まれると共に、根本創造主の持つ永遠なる無の世界へと直結しています。

アンドロメダ星雲のすぐ近くの銀河「さんかく座銀河」。

十次元は、物質銀河を超えた、意識銀河の領域にあたります。物質性を持ってこの周波数帯を保っているのは、兄弟銀河といわれているアンドロメダ銀河です。私たちの銀河系より少しお兄さんであり、影響を与え合っています。

あなたたちが肉体を持ったまま、この周波数帯にアクセスするのは、今の肉体では組成の違いから、おそらく無理であろうと思われます（受け入れるレセプターの元素が少ないためです。けれども元素転換した肉体においてはこの限りではありません）。

十一次元も意識銀河の中に属します。あなたがたの身近では、頭上を照らしている太陽の、太陽意識（ラーロゴス）がこの振動数に入ります。

物質銀河ではアンドロメダ銀河における形態軌道を保っている領域の周波数帯であり、非常に高次で精妙な周波数帯です。

十二次元も意識銀河に属します。星系ではアルクトゥールスの意識（アルクトゥールスロゴス）がこの周波数帯です。またアンドロメダ銀河の中心から発せられるエネルギー波もそうです。残念ながらこの次元の周波数帯の特徴を地球言語に翻訳する言葉が見つかりません。

十三次元は、さまざまな銀河を統括する中心波動のバイブレーションと同調しています。根源、始源の響きといってよい周波数帯であり、根本創造主はこの次元の深奥からすべてを創世創出しています。

この13という次元の単位が基本となって、さらに高いオクターブでの次元へ、そしてまたさらに高次元へというように、宇宙は低振動から高振動のきわみまで、多種多様なあり方で展開していきます。

✸高次のボディには出身星と繋がるためのチップが埋め込まれています

このように、宇宙にはさまざまな次元と階層があるわけですが、実はあなた自身も同じようにさまざまな次元にわたり活動しています。

肉体は三次元に属していても、見えない身体（エーテル体・アストラル体・メンタル体・霊体・コーザル体・宇宙体）は三次元より上で活動をしているということです。

地球人の視覚は見える周波数帯が極微のため、限定されたわずかな領域しか認知できません。

そのため、可視の領域でわかる範囲内は三次元世界でも、想念や精神といった意識階層は、肉体より精妙なボディと感応し合いながら活動をしています。

つまり、**あなたは三次元にもいるけれど、同時に多次元領域にもいる**ということなのです。

とりわけ、多次元のあなたが活動している自己は、自分の出身星をベースに、さまざまな自己に枝分かれしながら、同時多発的に存在しています。

復習になりますが、出身星とは、「①生まれた星　②転生の多い星　③多次元自己が現在いる星」のことを指しますので、必ずしも一つとは限らない、ということがおわかりでしょうか。

とはいえ、まずは、今現在、本書を開いているあなたに一番影響を与え、有機的に繋がり合っている星を「出身星」として、一つ見つけることから始められるとよいでしょう。

多くの人々は**自らの高次のボディの内部に、出身星と繋がり活用するための**

チップがコーディングされ、埋め込まれています。

このチップは身体や精神に悪影響を与えるものではありません。むしろさまざまなバイブレーションから放出される荒い情報層から身を守り、除去してくれる活性フィルターの役割も果たしています。

自分の出身星を知ることで、これらのチップが作動しやすい環境設定が整います。

そうすると、今いる次元での活動がしやすくなるだけではなく、多次元領域を見渡す目も獲得することができるようになりますので、ぜひとも繋がっていただくことを意図します。

✸地球に強い影響を与えているのはレプティリアン（爬虫類人）です

普段、あなたがたが宇宙人と呼んでいる人たちは、異次元に住む存在です。

次元は前述したように、種々に分かれた周波数帯の時空間です。

ここでは簡単に、それぞれの時空に存在する星系について解説します。


まず三次元にいるのは地球人種ですね。ちなみに、私たちは地球のことを宇宙的にはテラガイア星と呼んでいるのですが、そこに住んでいる人、つまり地球人のことは通称、**ガイア人**と呼んでいます。

もちろん宇宙は広範なので、地球と似たような宇宙存在は他にもあります。


ヒューマノイド（人間）型も非ヒューマノイド型も多くいますが、おしなべて**この振動数で存在している種に特徴的な性質は、自我の振動数が強く、所有や競争の概念があるということです。**

知能の発達した種も多いので、文明自体は発達しますが、**自我による成長の限界を超えると、自らの創り出した分離の炎（たいていは核分裂）によって生**

命分化アポトーシス（プログラム化された計画死）を迎えます。

今の時空間における地球人種が迎えているのが、まさにこの分水嶺《ぶんすいれい》です。

四次元にいる存在で、地球に強く影響を与えているのは、ニブルをはじめとたレプティリアン（爬虫類人）系の星々です。ゼータレクチル人などもこの次元領域にあたります。

五次元ではプレアデス、金星、地球内部のアガルタ世界が有名です。ガイアもまもなくこの周波数で振動すべく、着々と準備を進めています。五次元で振動する銀河系生命体は、とても多くあります。

六次元では今私のいる星、シリウスが有名です。とはいえ物理的次元としてのシリウスがほぼ六次元なのであって、私たちの稼働領域はさまざまな次元に同時多発的に存在しながら、天の川銀河の技術提供顧問として活動しています。

七次元は、アルクトゥールスが有名です。まばゆい光の中で、意識体はふわふわとただようクラゲのように、光と同化しながら生命進化の旅を続けています。

ガイアの進化を促す友好的な宇宙種族が多く所属する「宇宙連合」のネットワーク本部が置かれているのもこの周波数帯です。

地球への転生が多いベガ人は現在のところ、6・7次元領域です。

八次元周波数は、オリオン星系が有名です。銀河連盟本部があります。

兄弟銀河であるアンドロメダのサポートを直接受けています。

九次元周波数は、銀河の中心と同期している星系ですが、主にフォトン軌道内の星がこの周波数を担当しています。いて座Aと呼ばれるエリアの星々のほとんどは、九次元以上の振動数となっています。

十次元以上については主に物質宇宙としてはアンドロメダ星系となるため現段階では割愛します。

さあ、それではあなたの出身星を知る旅に出かけましょう。

第2章

あなたの出身星を探そう

✸銀河系宇宙ではヒューマノイド型2割、非ヒューマノイド型は8割です

広大無辺な宇宙には、さまざまな意識体がそれぞれの姿で活動を続けています。意識体の旅は地球でも、鉱物から人間に至るまで、すべてに宿っています。

その意味で、**地球ももちろん、ただの岩石の塊などではなく、立派な意識体として、意思と意識を持っています。**

また、必ずしも物質体があるわけではなく、高次になればなるほど、下限媒体を物質体とはせずに、エネルギーフィールドの意識体としてのままで活動しますので、非物質体となります。

時には必要時のみ、物質体まで振動を落として存在し、また非物質体に戻っていくということもあります。

まずはこのように、宇宙存在（意識体）のあり方は、大きく分けて物質体と

非物質体があるのだということを知っておいてください。

次に、形態ですが、大別すると、地球人と同じような外見を持つヒューマノイド型と違う外見で活動する非ヒューマノイド型に分かれます。

銀河系宇宙における宇宙存在の割合を簡易に分けると、ヒューマノイド型2割、非ヒューマノイド型8割といったところです。

では非ヒューマノイド型はどのようなかたちをしているというのでしょうか？

それは地球にいる哺乳類や昆虫、鳥類、爬虫類、両生類、魚類などの姿をイメージしてみられるとよいと思います。まるでそっくりの存在がいかに多いことか。

また、姿は鳥でも身体のつくりはヒューマノイド型というように、いろいろなパーツがミックスされたような外見で活動している存在も多数います。

そう、『スター・トレック』や『スター・ウォーズ』、『メン・イン・ブラック』といったあなたの星の娯楽映画に出てくる宇宙存在の姿をインスパイアーさせたのは、私たち宇宙連合チームだといったら驚きますか？

それは、やがて出会うことになるかもしれない違う種の形態に対して、今のうちから慣らしておく、慣らし運転であるかもしれませんよ。

けれどもまだまだ地球人は、自分たちの姿に似たものでない存在がいることに対しては、全くといっていいほど耐性がなく、この問題に対しては慎重に扱いたいと考えています。

私たちとしては、少しずつ慣れてほしいので、比較的ヒューマノイド型に近い非ヒューマノイドタイプを徐々に地球に送り込み、マザーシップで制御管理しながら、あなたがたの許容認知度の度数を上げるお手伝いをしています。

なお、この章でお伝えする宇宙存在は基本的にヒューマノイド型です。おそらくそのほうが、「ショック」が少ないでしょうし、ヒューマノイドタイプのガイア人の多次元体は、確かにヒューマノイド型からの転生組が多いのです。

✸ヒューマノイド型の故郷はこと座のリーラ

銀河系におけるヒューマノイド型の故郷は、こと座であるリーラ（リラともいう）です。リラやリーラという名前を心の奥深くで繰り返していっているうちに、もしかしたらあなたの中に、何ともいえない感情が蘇《よみがえ》ってくるかもしれません。

それはあなたの中にあるリーライアン（こと座人）の魂が活性化してきてい

る一つの証《あかし》になります。

ではそのリーライアンたちはどこからやってきたのでしょうか？

それは始源の領域といわれる、根本創造主の意思の発露がエネルギーの渦となって結晶化し、徐々に物質性を帯びることによって、意識生命体として活動を始めたのです。

といっても非常に振動数の高いスピンで活動していたため、普段はほとんど非物質領域で活動し、必要があれば物質化し、また戻るというきわめてエネルギー体主導の半霊半物質でした。

あなたたちのイメージでいえば、天使と呼ばれる存在、とりわけセラフィムやケルビムといった高次天使界のエネルギー振動がこれに近いものです。

そうした天界波動をダイレクトに受けながら、こと座で繁殖していった生命体がヒューマノイド型の故郷として、現在あなたたちが「人間」と呼んでいる種の元型（アーキタイプ）を形作っていきました。

私がこの話を書いているのは、皆さんがたの魂の奥底に眠っている、神の玉座を思い出してほしいからです。

あなたたちの真の姿は、まぎれもなく、神の心を表す表現体であり、創られしものの細胞、原子一つひとつに、神の心が宿っていることを全身、全感覚で受け止めてほしいと意図します。

✸宇宙戦争の果てに、囚われの世界を自ら選んだ地球人

では、リーラから来たあなたたちは、そのまま純粋血統としてこの星にやっ

てきたのでしょうか?

いな、ここに至るまでには非常に複雑なドラマがありました。

このことを説明する前に、一つのヒントを提供したいと思います。


それは、『スター・ウォーズ』という映画のことです。そこに描かれているような星々の戦争や侵略は、今もまだパラレル宇宙においては現在進行形で続行中であるということです。

そう、地球は宇宙空間においても、大変魅力的な惑星です。

生命の図書館とも呼べる「生物多様性」の温床となる豊かな自然環境や鉱物資源、元素組成でできている星です。そのため、さまざまな種からラブコールを受けていました。


当初、銀河系の進化と成長を促す集合意識体が計画していたのは、地球を天の川銀河の情報センターとして活用することでした。

ですので、こぞってそれぞれの星系におけるDNAパターンを組み込んで、テラガイア星の生命種に着床させたのです。

そしてその管理を任せるための生命種として、ヒューマノイド型の「ホモ・サピエンス種」を創造しました。

けれどもそれぞれの星では、それとはほとんどわからないようなかたちで、自分たちの遺伝子配列が優位になるようなプログラムもこっそり入れていたのです。とはいえそれはほとんどの星でやっていたので、特に問題になることもなく、調和的に作動していたのですが、徐々に、ホモ・サピエンス種が物質領域に囚《とら》われていくにつれて、ちょっとしたズレがだんだん大きくなってきたのです。

そのひずみの間にスーッと入り込んだのが、非ヒューマノイド型の生命体

（レプティリアン種、通称レプ種）の侵食です。そうしてあなたがたは、徐々に能力を制限されていくようになり、やがて囚われと制限のある世界の住人となることを選んでしまいました。それは主に電磁波によるコントロールシステムを使って行われました。

時を同じくして、幾度目かの大がかりな宇宙戦争もありました。大別するとヒューマノイド型と、別宇宙（アナザーユニバース）から転生してきた非ヒューマノイド型との侵略戦争です。

この戦争においては、ヒューマノイド型はとても不利でした。というのは、もともとヒューマノイド型は、非侵害・不可侵という思考システムで活動していたため、所有という概念もなく、ましてや戦闘や防御といった体制も持っていなかったのです。

この戦いは、長らく続きました。そして、リーライアンたちは故郷の星を離

宇宙大戦争でアルクトゥールス、アンタレス、プレアデス、シリウスB、アルデバラン、プロキオンなどの星々は故郷の星を離れ、銀河全体に避難していく離散民になった。

れ、銀河全体に避難していく、離散民となっていったのです。
アルクトゥールス、アンタレス、プレアデス、シリウスB、アルデバラン、プロキオンなどの星々はその代表格です。

ちなみに、銀河連盟や宇宙連合というのは、上記のような好戦的な非ヒューマノイド型から防御していくためのテレパシックな知性集合体としての役割も持っています。

けれども決して地球人が想起するような、国連やペンタゴンの宇宙版といった組織ではありません。
あえてその特徴を示すとすれば、自由と尊厳、非侵害と愛に満ちた有機的な知性システムの集合体であるという感じでしょうか。

さて、地球に起こったことに話を戻しましょう。

結論からいいますと、**地球人はヒューマノイド型ではありますが、その内側に非ヒューマノイド型のアーキタイプを包含しています。**

現時空から見た計時測によると、今から31万2000年前に、あなたがたの遺伝子の組み換えが行われたのです。地球人による科学ではそれをミッシング・リンク（失われた輪）と呼んでいます。

その部位は**脳幹**にあります。

Rコンプレックスといわれる爬虫類脳の部分に、彼らの遺伝子コードが組み込まれていくことで、あなたたちは恐怖や不安、縄張り意識、支配と隷属、競争、嫉妬といった遺伝子コードが活性化されたのでした。

それはいわば電磁波的な壁のようなもので、私たちはその壁をネットコントロール（網支配）と呼んでいます。それはまるで漁師が目の細かい網で、そこにいる魚をすべてすくい取る網のように見えたからです。

けれども、決してここでヒューマノイドと非ヒューマノイドを〝ヒーロー対悪者〟とか、〝正義と邪（悪）〟といった二極対立構造に当てはめないでほしいのです。

それはすでにあなたの中に存在していたものであり、すべてはあなたの一部なのです。つまり**天使のようなあなたも、邪悪なあなたも、皆あなたの一側面だと考えてください。**

二極に分けて戦わせる思考パターンから抜けられない限り、あなたはとことん飽きるまで、分離の世界で生きることを選ぶでしょう。

それを呼び込んだのは、あなたなのです。

あなたがそれを体験したかったのです

これが今起こっていることの真実です。

✹どんな人にもレプティリアン種のDNAが刻まれています

また、宇宙魂の構成要素、つまりDNA組成においては、完全純潔なヒューマノイド型や非ヒューマノイド型はあまり存在せず、宇宙進化の過程において、徐々にハイブリッド化（交配種化）しています。

現に私、ファルスのDNA組成には21パーセントの非ヒューマノイド型レプティリアン種のDNAが刻まれていますが、だからといって好戦的であるとか、冷血であるというわけではありません。

むしろさまざまな要素がハイブリッド化することによって、ハイグレード化するので、私たちの源である根本創造主の旅は、ますます味わい深いものになるのではないでしょうか。

というわけで、**あなたがたの中にあるRコンプレックス部分の周波数を、まるごと認め、愛し、手放すことによって、その特性であった恐怖や混乱、支配、競争といった周波数帯と同調しなくなり、さらに高い周波数域である、愛と創造性に基づいた、高次のシステムと共振していくことが可能になることでしょう。**このことはいくら強調してもいいほどです。

ところでこの「網」は、直線的時間軸でいえば、２０００年前から縛りが強化されてしまったことを次元の解説（24Ｐ）でお伝えしましたね。そう、キリストと呼ばれる高次の存在がやってきたその後からです。

彼は、銀河の中心である九次元からの使者であり、愛の錬金術を駆使して、網をほどいてしまったのでした。

しかしながら、それに気づいた存在たちが、今までより強烈に電磁波制御を行いました。

制御するパルス波の主要な同期ビームには12：60のパルサーが使われました。

しかしながら、このビーム周期はもうそろそろ終焉《しゅうえん》を迎えつつあります。

それは**まもなく突入するであろう太陽系の移行によって新しい銀河の周波数帯が再構築され、創造性の局面が変わる**からです。

ビーム設定を企てた存在たち（私たちは愛情を込めて彼らをリジーと呼んでいますが）もそのことに気づき、彼らの高次存在たちはこの星を去りました。

そうでないと、存在そのものが消滅させられてしまう可能性があることがわかったからです。

けれどもそれを拒否し、この次元に刺激を与えながら、なおも影響を与えたいと願っている存在たちもいます。その存在たちも、あなたがたと同じように

〝頑張って〟います。

今まで、あなたたちが創り出したと思っている社会や思考システムのほとんどは、彼らによる思考の雛形が具現化したものです。それは大変な影響力を持ちました。まるで、家に屈強な父親が一人いて家族を管理しているかのようです。

そうです。彼らはまさしく、あなたたちの父親役でもあったのです！

いつかは親と別れるときが来ます。

親離れするときがやってきたのです。今まで育ててくれた親に感謝をして、あなたはあなたの意思によって古巣の家を出ることが可能です。

✸地球とかかわりの深い星々

ではいよいよ、地球とかかわりの深い星々とそこに住む異次元存在についての一覧を示します。実際はこの他にもスターシップを待機させ、やってきている宇宙存在も多数いますが、本書においては代表的種族について言及します。

(1) プレアデス星系

●地球にはプレアデス星系の宇宙魂が多数存在しています。なぜなら地球の親星である太陽がプレアデス星系の8番目の螺旋《らせん》の星だからです。2万6000年の歳差運動は、実はプレアデス星の中心星であるアルシオンの周りを一巡する周期です。

●プレアデス星系はアルシオン、メウロペ、マイヤ、タイゲタ、セレノ、エレクトラ、アトラス、ラー(太陽のこと)の主要恒星を持ちます。

もともとはリーラからやってきた民であり、それぞれの恒星での進化プロセスにおいて特徴が特化していきました。
●地球に一番転生しているのが、アトラス星出身のアトラン人です。アトラン人は、アトランティス文明を創り、科学と水晶を使った高度な文明を築きました。誇り高く、独立独歩の気風を持ちます。
●他の星の特徴としてはタイゲタ人は芸術家気質が多く、マイヤはマヤ人が物理次元として帰還した星でもあります。
●プレアデス星系はプレアデス評議会というテレパシックなネットワークで繋《つな》がっており、共通した性質としては、慈悲深く愛に満ちた明るいバイブレーションを放っています。
●プレアデスから持ってきた植物に、竹や麻、マコモなどがあります。これは地球人類に対する贈り物であり、パワフルな万能植物です。
●イルカはプレアデスから連れてきました。
●鷲や鷹とも関係があります。

(2) シリウス星系

●シリウスは二重連星であり、AとBに分かれています。

シリウスA人は銀河系宇宙を駆け抜ける形態形成場の達人であり、宇宙エンジニア&情報伝達の役割を持っています。

高度な技術を駆使して、地球上においてはエジプト文明を創成させ、現人類の礎《いしずえ》を創りました。

●シリウスB人は形態形成場の想念場の純潔性を保ち、内省的で哲学的な特性を持っています。地球の想念形成に影響を与えた哲学者、宗教者、および科学者には、シリウスB出身の魂が多く転生しています。直観的で独創的な性質を持ちます。

転生した魂に多く見られる特徴は、静けさと調和を愛し、隠遁《いんとん》的な生活を好みます。

地球は今後、プレアデス領域からシリウス領域へ移行する。

●エジプト文明はシリウス人とその転生組によって創られた文明です。
●地球は今後、プレアデス領域からシリウス領域へと移行していくことになるでしょう。
●猫や獅子（ライオン）と関係があります。

(3) オリオン星系

●多くの意識生命体が存在するオリオン星系は、星のゆりかごといわれる領域から、朽ちて新たに超新星として生まれゆく星まで、実に多層構造になっています。
●地球に多く転生しているオリオン星系の住人はリゲル人です。器用で高い知性を持っています。ちなみに日本人はリゲル出身の魂が多く集まっています。レプティリアン種とのハイブリッドも進んでいます。

●ベテルギウス人は、深遠な知性と高度な科学を持っています。天の川銀河全体の種の発展において、重要な役割を持っています。

●銀河連盟の本部が置かれているのはこの領域です。銀河系全体の質的管理を担っています。

●長らく宇宙大戦争の舞台となった場所です。

●アンドロメダ銀河との繋がりが強い。

(4) ベガ星系

●こと座(リーラ)に残った魂で、忍耐強く愛に満ちて慈悲深い存在です。

●地球の霊的進化に積極的に関与しています。

●地球人と似た外見を持つ。背は高く透明度があります。

●地球人の娯楽映画『コンタクト』は、ベガ人からのインスピレーションを受けて作られたものです。

(5)アルクトゥールス星系

●牛飼い座のアルクトゥールス人は、非常に精神性が高く、慈悲深い友好的な種族です。
●銀河中心の高周波と同時共振し、銀河の種全体の進化に関与しています。
●虹色に輝くスペクトルを持ち、非物質領域の意識体のほうが多いです。
●徹底した不干渉、非侵害の思想を持つ、銀河の聖職者集団でもあります。
●大調和と平和をもたらす大セントラルサンの領域です。
●太陽星系はアルクトゥールス管轄に含まれています。
●虹の出現はアルクトゥールスのバイブレーションが含まれています。
●神聖ローマ帝国を建設するときに協力しました。

(6) アンタレス星系

●さそり座のアンタレス人は、独立独歩で好戦的な気風を持ちます。
●知性的でパワフルです。
●独自の文化体系を発達させています。

(7) プロキオン星系

●こいぬ座のプロキオン人は、主に中南米におけるサポテカ、オルメカにおいて文明進化を手伝いました。
●レプティリアン種とのハイブリッドも多く転生し、勤勉な性質を持っています。

（8）タウ星系

●くじら座のタウ人は、地球人種に近い風貌を持ち、剛健で闊達な性質を持っています。

●スラブ系の始祖となり、ロシア人とも縁が深いです。

（9）アルデバラン星系

●おうし座の主星、アルデバラン人は、強くリーラの再創造を願い、銀河系宇宙のさまざまな星系に渡り、活動中です。

●地球においては、西欧での転生が比較的多い。

(10) 太陽星系

●プレアデス星系の8番目の星である太陽とその惑星にも、多くの宇宙存在がいます。

●惑星のほとんどは表面と内部空間の二重構造でできており、たいていの存在は地中の空洞部分に居住しています。理由は有害な宇宙線や隕石の飛来などの危険がなく、地表と地殻に守られながら安全に霊的進化を図れるためです。

なお、太陽系において、地表にも住んでいる種族は現在のところ地球だけであり、これは天の川銀河全体を見渡しても少数派です。

●太陽内部にも生命種がいます。非常に高いバイブレーションを放っています。

●太陽はあなたがたが思っているようなガス惑星などではなく、中には固体があり、海も陸もあります。あなたが見ている太陽は、その周りを覆《おお》っているプラズマの被膜であり、太陽深部にあるプラズマと共振しながら、太陽系磁場圏全体を保護しています。

●月は自然に形成されたものではありません。

●月の内部は空洞になっています。情報の受発信、保存と共に共鳴増幅器としての役割を果たしています。

●太陽人

・非常に高い知性を持つ明るく力強く聡明な存在です。

・太陽人が転生するには、あらかじめ高周波で精妙なオーラフィールドが形成されている必要があります。

・地球転生した太陽人は、地球において霊的覚醒を促す役を担い、それぞれの特性を生かしてミッションを遂行します。

・ダイナミックでパワフルな性質を持ちます。

●火星人

・リーラからの避難民が多く転生しました。

・大気組成が変わり、地表の環境が過酷になったため、地下にコロニーを作って暮らしています。

●マルデク人

・かつて火星と木星の間にあった星をマルデクといいました。今は小惑星帯と呼んでいます。それはマルデクの残骸《ざんがい》であり、宇宙戦争の際に破壊されてしまいました。

・地球にはマルデク人だった魂が多数転生しています。

●金星人

・レプティリアン種が多く転生し、ルシファーと呼ばれる存在もいました。今はルシエルとなり、そのパワフルな力を生かして太陽系全体の進化に寄与しています。

・多大なる苦労を重ね、五次元領域まで進化しました。

・進化にコミットしなかった魂は、地球に多く転生しました。

・地球へ入るときの門に金星を使うことが多いです。

・芸術と文化、創造性と関係があります。

・クジラはもともとはアンドロメダの生物ですが、地球に入る前には金星で暮らしていました。

●地球人

・地球（テラガイア）のガイア人（地表）とは、今、本書を読んでいるあなたのことです。

・DNAの活性度が低く、わずか数パーセントしか使っていません。ガイア人のほとんどは2本のDNAのみで、物質体としての生命活動を終了します。

・Rコンプレックス（爬虫類脳）が活性化しており、行動規範のもとになっています。

・もともとのガイア人のDNAは12本あり、知性が高く、自然と融合する農耕的で勤勉な種です。常に大調和を意図し、活動します。

・テラガイアのガイア人（地中）は別名アガルタ人とも呼ばれ、いくつかのコロニーに分かれています。代表的な中心都市の名をシャンバラといいます。空洞地球内部に住む彼らは、地表人に対して友好的な種族も非友好的な種族もいます。地表と違い、すでに五次元領域で振動し、地球の内核にある鉄の鎧《よろい》でできた水晶核のエネルギーを中心太陽としています。地球進化の鍵を握る種です。

●ニブル人アヌンナキ

・太陽系惑星の12番目の星がニブル星で、3600年周期を持ち、シリウスと太陽の橋渡しをしています。地球と大変縁の深い種で、旧約聖書やシュメールの神とは彼らのことです。もとはプレアデスからの一集団が転生しましたが、次第にレプティリアン種とのハイブリッド化が進みました。

ニブル星の大気にシールドを張るべく、金の元素を求めて地球を訪れ、やがてガイア人と自らのDNAを混ぜて、現在の地球人を創造しました。これが聖書でいうアダムとイブの創世神話のもとになりました。

・現在の時空においても強い影響力を持っています。

•感情体があまり発達せず、金属的な性質を持っています。

•支配と隷属、競争と比較、嫉妬と執着、暴虐と混乱の周波数帯と関係があります。

•決してガイア人をないがしろにしているわけではありません。

•ガイア人にさまざまな技術提供や進化の加速を促しています。

•新しいオクターブで活動することを意図し、地球人種に協力的なニブル人も多数います。

•トカゲや蛇、恐竜と関係があります。

(11) その他

•現地球にはたくさんの宇宙存在が応援、あるいは見学に来ています。

その中には、地球進化の旅に積極的にかかわっているものも種々おり、その宇宙魂を持つ転生も多数います。

・クラリオン星人、バシャール、ユミット人、ウンモ星人他、種々いますが、彼らは主に、その転生した魂に働きかけ、情報提供をすると共に、種々のサポートをしています。

COLUMN 1

クロップ・サークルは宇宙の仲間からの贈り物

1980年代から話題に上るようになったクロップ・サークルですが、あのサークルは、人為的に作られたものもあれば、私たちのような宇宙存在が作ったものもあります。

今では、一部のマニアックな人々以外には、あまり注目されていないようですが、現在も出現しているものです。

なお、人為的に作られたものは、精緻さと美しさに欠けます。もちろんそこに託された深遠なメッセージもないことでしょう。何より、電磁場被膜の痕跡もないため、ただの草を倒したお遊びになってしまっています。

せめてその違いを見破れる程度のバイブレーションは獲得してください。

私たちからすると、スイカとバスケットボールの違いが全くわからないまま、バスケットボールを割って食べようとしているかのように見えます。

ぜひとも直観を磨かれますようにお願いいたします。

さて、**クロップ・サークルとは、それぞれの星系における《星の芸術チーム》が作成したもので、雛形となったエネルギーマトリックスから転写され、電磁波ビームを使って照射されたものです。**

方法としては、キャンバスとなる草地（主に小麦畑）を電磁気的に励起させ、ある種の結界を作り、電磁場に囲まれたミニ異次元空間を作ります。

そこにプラズマ放射の電磁波ビームを、もとの雛形からエネルギーを反転させて転写させていきます。

でき上がると、電磁場の結界を解き、もとの時空の位相に戻して、何もなかったように立ち去ります。

ところで私たちは、電磁波ビームをこのように星の芸術として表すのに使ったりもしますが、地球では、そのビームをガイアの呼吸である大気層に向かって照射したりもしていますね。

お母さんの息を苦しくさせるのが、そんなにお好きなのでしょうか？

小さいことは大きいことへと繋がっているのです。

あなたたちの〝無邪気なふるまい〟が過ぎると、母もたまには叱りますよ。

宇宙の少し先輩として、あなたたちに助言をするとすれば、宇宙の共通言語である電気と磁気には、愛といたわりを持って注意深く扱ってほしいと意図します。

もちろん、今、このページをめくっているあなたにもいえることです。

あなたの身の回りにある数々の電磁波グッズを見渡してください。

あなたたちはあまりにも可視光以外のことに対して、関心なさすぎるようで

精密な幾何学模様のクロップ・サークル

す。

それがどれほど、あなたの精神活動や健康、行動原理に影響を及ぼしているかを知ったら、あなたはひっくり返るでしょうね。

電気と磁気は神の言語です。

三次元での暮らしに便利だからといって無防備に多用するのではなく、振動数の遅い肉体ボディに負荷がかからないような工夫をしながら、役立ててほしいと願います。

では話をクロップ・サークルに戻しましょう。

私たちがなぜ、そのようなことをするかおわかりですか？

それは私たち宇宙の仲間からの贈り物であり、第一級の遊び心の現れでもあります。

と同時に、あなたがたは決して宇宙の孤児ではないことを知らせながら、宇宙にある法則性をシンボライズしてお伝えしているものです。

そこには星の科学や芸術、技術、聖なる幾何学や形成母体の構築システムなどが含まれています。


どうぞこれから、クロップ・サークルに接するときは、少なくとも平面での捉え方ではなく、せめて立体空間として感じていただけますと、私たちの伝えたい意図が今までより感じ取れるようになるかもしれません。

それはあなたの眠れる潜在的遺伝子の目覚めを促します。

あなたがそれらの象徴図形を見るときに役立つであろう観察法をお伝えしま

しょう。

やり方は難しくありません。眉間にある第六チャクラを意識し、∞（無限大）のマークを描くようイメージで、右脳と左脳を繋げ、リラックスして見つめるとよいのです。

心静かに、シンボルの奥にあるメッセージを感じ取ってみてください。


ただし、好奇心の度が過ぎたり、これですごいことを発見してやろうといった自我の振動数が高いと、おそらくメッセージを受け取ることはできないでしょう。もし、できたとしても、それはその人が創り出した幻想言語です。

ですので、できる限り、意識を平安で調和のとれた状態まで高めていただいて観察されますと、あなたの中に眠っていた特定の遺伝子が呼び起こされ、あなたはひらめきを通してそれらのメッセージを受け取ることができるようになります。

たとえ表面意識がわからなくても、気にすることはありません。

クロップ・サークルを通して、あなたと私たちが直接コミュニケーションをとっているのです。

こうした《文通》も、時には楽しいですね。

第3章

自分の出身星と繋がる三つの方法

✵自分の出身星の見つけ方

第2章では代表的な宇宙存在についてリストアップさせていただきましたので、この章では、自分と縁のある星々——出身星の見つけ方と、その星にいる（いた）自己との融合の仕方について説明いたします。

まず、いかにして出身星を探していくのか、一番いい方法は、直観というツールを使うことです。

Ⅰ　直観の導きを受ける

地球人の直観力は宇宙から見るとまだまだ低く、ほとんどは能力が開花されていないといっていいほどです。

大変便利な道具なのに、使わないのは非常にもったいないと私は思います。ぜひ直観の導きを受けるようにおすすめしたいのですが、そうはいってもある程度、感覚的に慣れていなければ、それが深層意識からくる直観の声なのか、表層意識である自我からくるものなのかの区別がつかないことでしょう。

ですので、まず初めに、直観力の導きを受けやすい呼吸によるテクニックを紹介しておきます。


呼吸法を始める前に、ハートチャクラを開いておくことをおすすめします。というのも、ハートチャクラが開いていないと直観の誤作動が生まれやすく、認識しづらくなるからです。

ハートチャクラは、心配や不安、疑念、嫉妬などの低振動バイブレーションで閉じやすくなります。

といってもあなたがたにはまだそうした感情次元のドラマに入り込みやすい空間の振動数があるため、そうやすやすと越えられないのかもしれません。

その場合は、「つかまない」、「囚われない」という決心をすることをおすすめします。

その感情があることを否定せず、かといってそのとりこになることもなく、ただあることを認めて流していくのです。

最初は難しいかもしれませんが、感情体は流れゆく雲のような性質を持っていますので、そこにいちいち反応しなければ消えていきます。

完全でなくてもかまいません。

そうした志向の向きが大切なのです。

あなたのハートチャクラが開くにつれて、感情体の電磁波防御壁に穴が開き、あなたはもっと高い振動数のあなた自身と同化することができるようになります。

この状態を「ハートチャクラが開いている」と呼んでいます。

ではこの呼吸法を始めましょう。

それはとても簡単です。

意識を丹田《たんでん》に下ろしながら、ゆっくりとした呼吸を繰り返すだけです。

その際、二つの変換ポイント、吸う息と吐く息の変換点、そして吐く息と吸う息の変換点も、同じ時間をかけて息を止め、**聖なる4つのリズムを意識**して、心の焦点をどんどん深く下ろしていきましょう。

この訓練を慣れるまで続けると心身共に健康という状態を得やすくなりますので、日常生活にも取り入れられることをおすすめします。

慣れてきたところで、目次などにある宇宙存在のリストをパッと見て、目と目の間の眉間から覗いてみましょう！

すると、あなたにとって縁のある存在の文字が浮き出るように感じたり、妙に気になるとか、何か放っておけないというような感情体の揺れ、あるいは、もっと深いところが納得していく感覚など、さまざまなサインを持って、あなた自身からの導きを受けることになるでしょう。

もちろん、こうした呼吸法によるテクニックに頼るまでもなく、直観力で「ひらめく」こともできるでしょうから、どんどんその能力を開花させていってほしいと強く願っています。

ただし、直観の声はしゃべりません。
想いがダイレクトに肚《はら》、そしてハートに響いてきます。
あなたの本源である深層意識からの直接的な表現は、思考や感情をやすやすと超えたところからやってきますから、悩んだり憂えたりすることもなく、淡々としています。それでいて力強い愛に満ちているのです。

直観のささやきなのか、思考のおしゃべりなのかの違いは、「悩まない」「迷わない」「一瞬にしてわかる」「愛に満ちている」「表面意識が知らなくても即座に回答できる」「矛盾や言い訳はない」「不調和がない」といったキーワードがありますので、そこに合致しているかどうかを、とりあえずの識別基準にされるとよいと思います。

余談になりますが、私たちの言語は、みなさんの咽頭《いんとう》を通して流れてくる声とは違い、たとえていうなら信号音と蒸気が合わさったような「音」です。けれども実際は語らずとも想念波の伝達で理解し合うテレパシーが中心なのです。

あなたもいずれ、人によってはそう遠くない未来のうちに、テレパシーによる想念伝達が可能になるでしょうから、そのためにも現段階のうちから《宇宙と繋がる基本会話――テレパシー》のもとでもある直観レッスンを続けてみてください。

2 夢に現れるシンボルやサイン、ビジョンは大切な情報です

意識が肉体から離れて、アストラル領域以上へと帰っていく「睡眠」を利用して、教えてもらうやり方です。

寝る前に、「自らの出身星を教えてください」と祈りながら、よい気分で眠りにつきます。

〝よい気分で〟というのは大切です。

〝悪い気分〟のままでいると、低層アストラルの次元に取り込まれ、がさつで精度の低い情報しか得ることができません。そればかりか、低層アストラルに住む意識階層に惑わされてしまう可能性さえあるのです。

よく○○神の生まれ変わりであるとか、○○神がこうしなさい、ああしなさいといった、というのものは残念ながらほとんどが、この次元界に住む存在からの甘いささやき声です。

高次になればなるほど、自主性と不可侵が基本になりますので、命令や脅し、支配と隷属、批判や攻撃といった指示やコントロールはまずありませんので、一つの識別材料としてください。

さて、〝よい気分で〟眠りにつき、目が覚めた後、夢の中の内容をぼんやりと思い出して、自らの出身星についてハッと気づくことがあります。

あるいは、目覚めたらすぐに、再び「自分の出身星を教えてください」と自らのスピリットに頼み、眠りと目覚めのあいまいな時間の中で、心をゆったりと解放してください。

そうすると、何らかのシンボルやサイン、ビジョンが脳裏に浮かんだり、言葉のバイブレーションや独自の感覚を伴って、あなたに必要な情報を提供してくれることになるでしょう。

3 類推——自分のバイブレーションに流れているパターンを見る

これは思考を使うやり方です。

それぞれの宇宙存在にある性質や特質を見ながら、私はきっとこうだろう、と類推するわけです。あるいは、自分は日本人だからリゲル人では？ ということもいえるかもしれません。

けれどもこのやり方は、それほど精度が高くありません。

地球人でもさまざまなタイプ、性格、気質があるように、宇宙においてもその個性はさまざまです。そう、ステレオタイプではないのです。

また、魂は今までにたくさんの転生を重ねて、宇宙次元にも地球次元にもやってきていますから、今現在の人種がどうだから宇宙では○○人であるということにはなりません。

一番正確なのは、それぞれが持っているバイブレーションの質を見ることでしょう。

その人の中には、その人が生きた歴史、魂に刻まれた歴史がバイブレーションの振動として包含されているものです。

表面に出てくる性質だけを見て、こうであると決めるのも早計です。

ぜひ自らのバイブレーションに流れているパターンを見つめ、その中から、それぞれの星と合致したバイブレーションを探し出し、自らの星を見つけてください。

というわけで類推も一つの方法ですが、「思考」という表面の心の声のおしゃべりに囚われすぎず、そこへ至る参考程度としてお役立てください。

以上、自分の出身星を見つけるための三つの方法をお伝えしましたが、冒頭に申しましたように、自分の出身星は必ずしも一つとは限りません。

ですので、二つ以上気になってしまって仕方がないということも出てきます。

その場合は、自らの多次元存在（高次元自己）が現在進行形で活動している場合も多々ありますので、その可能性もあるという見方で、星々に親和性を感じていてください。

さあ、いかがでしたか？

あなたの出身星は見つかりましたか？


すぐに見つからなくても、きっと見つかります。もしどうしても見つからなかったら、このリストの中にない星々から来ているのかもしれません。

ゆっくり忍耐力を持って、自らの星系と繋がる努力をしてください。

たとえ表面意識ではわからなくても、深奥ではきちんと繋がり、あなたは銀河という大海の中で、多層にわたり活動している素晴らしい存在であるということを忘れないでください。

✸信じる限界と受け取る限界を広げていく

では、あなたの出身星の見立てがついたところで、次のステップをお伝えします。以下の想念を実行してみることをおすすめします。

ステップ1　否定しない。
ステップ2　信じる限界を広げる努力をする。
ステップ3　信じたものをむやみに信じすぎない。

1のステップ「否定しない」ですが、人間の思考は、すぐに疑いを抱きます。嘘かもしれないとかそんなことあり得ない等々、けれども見える世界という非常に限定された世界の周波数のみを真実と信じてみる伝統がある現時空のあなたたちにとって、まずは否定しないで受けて入れてみるということから、始められるとよいと思います。

NoではなくYesです。

心がどうしても嫌だと叫ぶものをわざわざ受け入れる必要はありませんが、

そうでなければYesから始めてみましょう。

2のステップ「信じる限界を広げる努力をする」ですが、あなたたちの思考は継続と制限を好み、エッジを超えようとする努力をあまりしないように思えます。

それればかりかエッジをはみ出したものをまっこうから否定したり、軽蔑したりする感すらあります。それは大変もったいないのです。

信じる限界を広げる努力は、受け取る限界を広げる能力でもあります。

責任という言葉はresponsibilityですが、これはまさしくresponse（反応する）ことができるability（能力）なのです。

そこに応える能力があってこそ、責任は生まれるものです。私たちはあなたたちに、信じる限界を広げることで、あなたという局面が宇宙のさまざまな場所で活動することができる能力を高めていくお手伝いをしたいと考えています。

3のステップ「信じたものをむやみに信じすぎない」ですが、これもステップ2の延長線上にある想念で、「こうである」と決めつけてしまったときに、そこに限界という電磁波障壁が形成され、次のバイブレーションに行くことが阻まれやすくなるのです。

ですから、信じるのは自由ですが、信じすぎてはかたくなになるということをお伝えしておきましょう。

何事もフレキシブルでしなやかな感性を持って、常に、より大きな認識を得ていくことを意図して進んでいってください。

こうして常に一つの概念に囚われすぎることなく、さらなる高みを目指して、意識を広げていくように努力されますと、あなたはまた新たなる認識を経て、新たなるステージの中で歩むことができるようになります。

それは自らのレセプター（受容体）を活性化させ、自分にとって最適最善な受信可能領域を増やしていくということでもあります。

あなたは無限の可能性を持っている素晴らしい存在です。

そのことを決して忘れないようにしましょう。

✸出身星の自己と繋がると宇宙記憶のヒモであるDNAの再編が加速され、今まで眠っていた機能がONになる！

次に、自らの出身星にいたときの自己、あるいは現在活動中の自己（多次元セルフやパラレルセルフ）と今現在、三次元にいる自己を融合させるテクニックをお伝えします。

三次元での時間感覚は、過去から未来へと流れる直線的なものですが、これは宇宙の真相からいったら、全体のきわめてごく一部分の認識にしかすぎず、平面的な捉え方です。

三次元では、このような時空間認識を持つことによって、因果の法則性が生まれ、魂の軌道修正と進化が加速されることになりますから、大変便利な手段にはなります。

けれども実際は、時間は直線ではなく、周期と光によって同時多発共振している複層的なものです。

ですので、あなたの記憶の中には、星々にいる（いた）自己の痕跡が残されており、そこと**回路を繋ぐことで、宇宙記憶のヒモであるＤＮＡの再編が加速され、今まで眠っていた機能や役割がＯＮになります。**

とりわけ出身星というのは、あなたにとってはなじみの深い星になりますから、現在のあなたにとっても親和性が高く、「なじみのいい」バイブレーションなのです。

ではさっそく、出身星の自己（高次の自己の一部であることが多い）と融合してみましょう。

やり方にはやはり瞑想（メディテーション）を使います。

順番は下記の通りになります。

①4つのリズムを意識した聖なる呼吸を心落ち着くまでやっていく。
②静寂な心の場を感じたところで、下から順番に体内にある7つのチャクラを活性化（光り輝き高速回転させているイメージ）する。
③7つのチャクラが活性化したところで、体外にある5つのチャクラをイメージして、活性化する。
④電磁場として励起されている12チャクラのエネルギーフィールドの中に、

出身星の自分の姿が融合するイメージを持つ。

⑤しばらくその感覚を味わった後は、肉体感覚に意識を戻していく。

なーんだ、イメージだけ？　と思われそうですが、イメージするということは、パワフルな想念波の電磁波送信であり、同時に、受け入れやすい受信場を作ることでもあります。

その意味で、正しい想念伝達力が必要なのはいうまでもありません。

どうぞ上記のイメージワークを実践していただいて、種々の事象においても、このイメージ力というエネルギー場の作り方を実践されるとよいでしょう。

なお、チャクラについてですが、チャクラは体内に7つ。体外に5つあります。

全部で12あるのですが、真実を言いますと、12ではなく、13です。

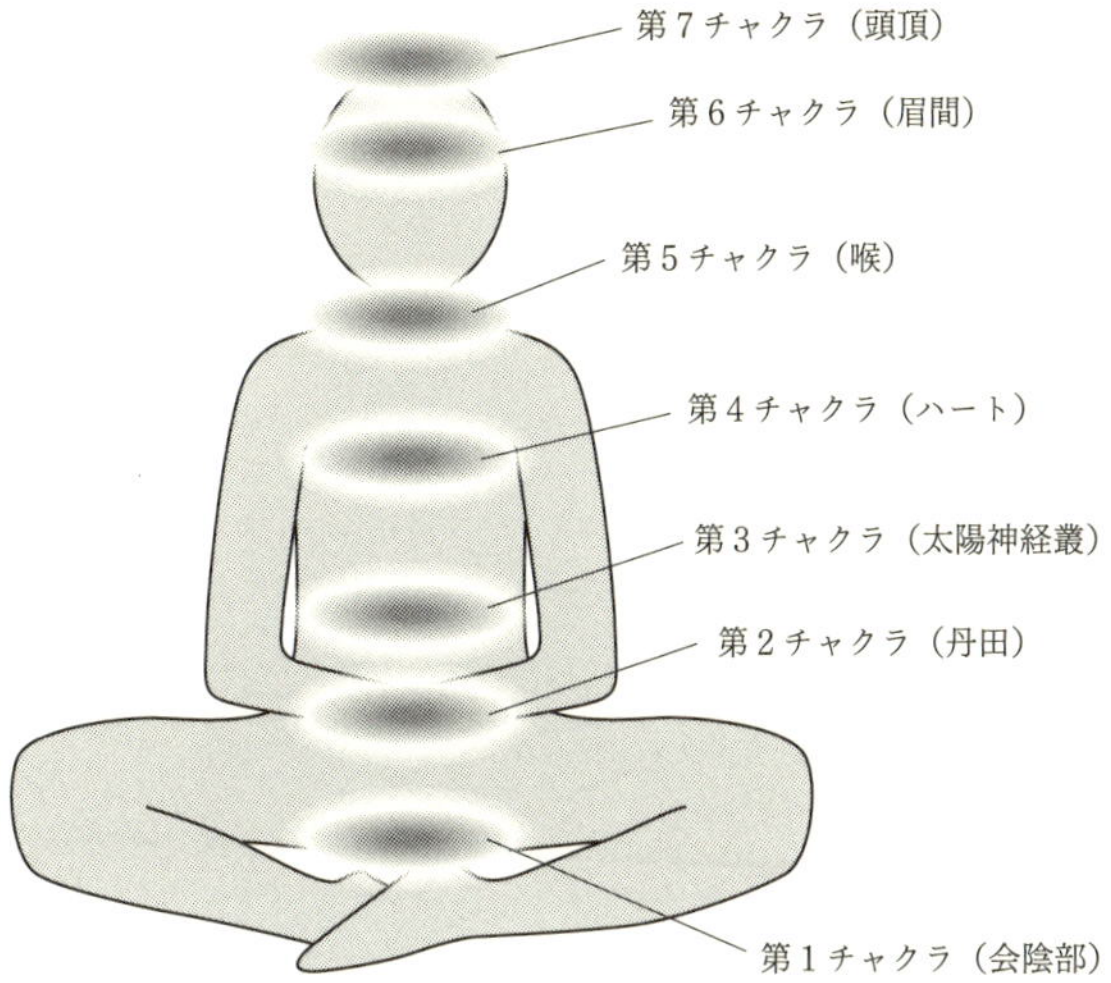
第7チャクラ（頭頂）
第6チャクラ（眉間）
第5チャクラ（喉）
第4チャクラ（ハート）
第3チャクラ（太陽神経叢）
第2チャクラ（丹田）
第1チャクラ（会陰部）

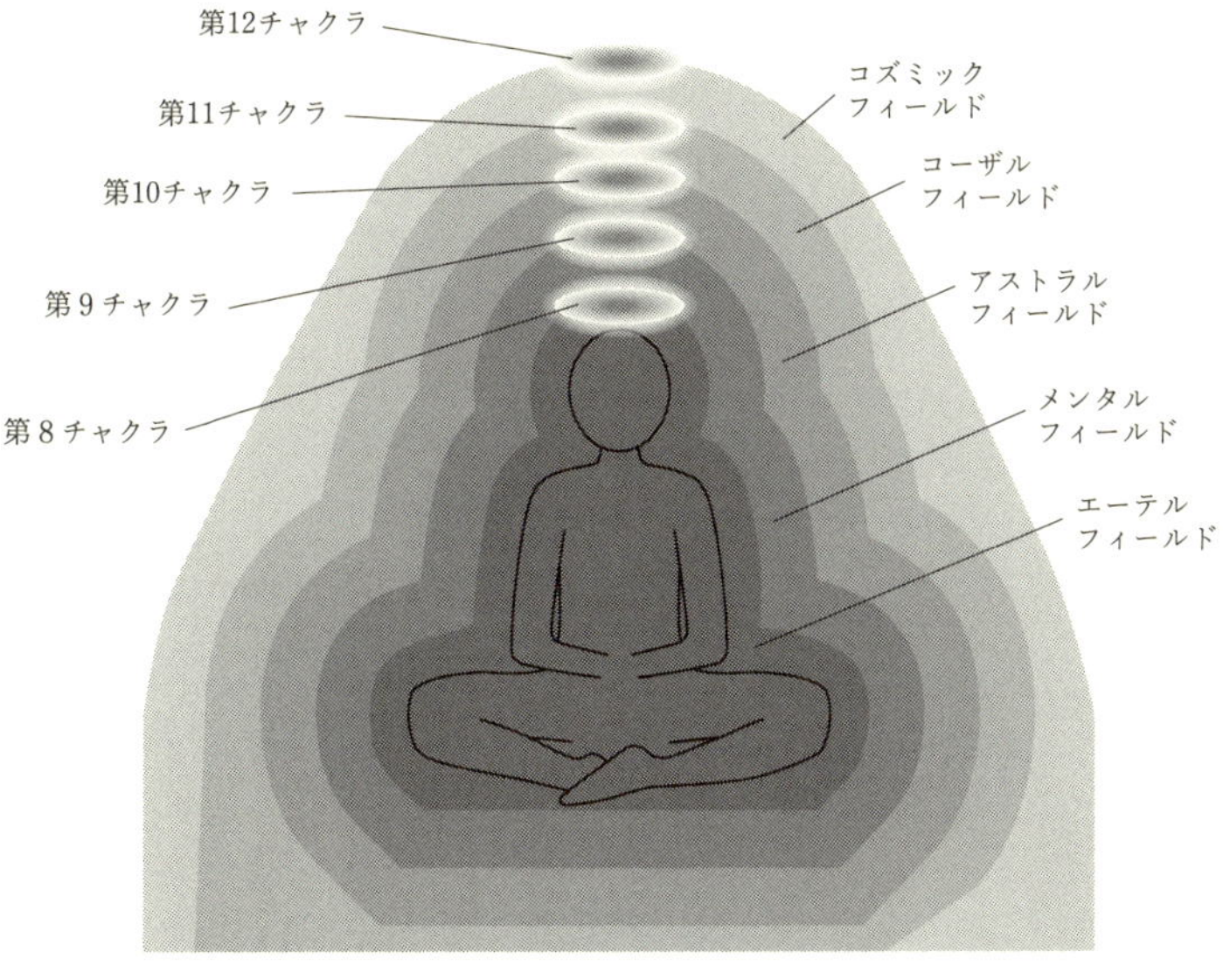
第12チャクラ
第11チャクラ
第10チャクラ
第9チャクラ
第8チャクラ
コズミック
フィールド
コーザル
フィールド
アストラル
フィールド
メンタル
フィールド
エーテル
フィールド

けれども、現段階において、12のチャクラを活性化させることにより、人間という種が本来持っていた、12本のDNAを再編し直すことができます。

今までジャンクDNAと呼ばれていたものは、実は残りの10本のことだったのです。

それは切断されてただ山のように積まれていただけで、決して壊されていたわけではありません。

現在、その残りのDNAが目覚めつつあります。これをDNAの再編と呼びますが、再編を促す方法は、宇宙にある法則性である「愛の実践」を敢行することが一番安全で確実な方法です。

愛というのは、陽子や中性子のスピン、および原子配列が整っている、高周波で安定した状態のことを指しています。

地球言葉に直しますと「大いなる調和の状態」といえます。

ぜひとも、己のうちにある大調和に向かって、それを示す生き方を心がけていただければと願っています。

✹テレパシックな会話、エネルギーコミュニケーションのすすめ

出身星の自己の痕跡を開き、融合された後についてですが、多くの地球人に見られる傾向としては、新しい周波数帯を獲得され、自らの内に取り入れて安定するまでには、体調をくずす方が多いことが挙げられます。

主に、風邪のような症状や全身の倦怠《けんたい》感、吐き気、腰痛、頭痛、めまい、咳等々、本人がもともと弱いと思っている部分を中心に、不快な状態が訪れます。

ですが、このとき無理に動こうとか、薬で治そうとされると、せっかくのエ

ネルギー調整が中途半端で終わる結果となり、肉体レベルのあなたと、高次のレベルのあなたが融合しきれないまま、やがて宙ぶらりんとなって去ることも考えられますので、調整時は、基本的におとなしくされていることをおすすめします。

緩和剤としては、水を飲むこと。よく寝ること。くよくよしないことです。太陽光を浴びることや、自然の中に身を置くことも有効です。

なお、エネルギー調整は1回ではなく、何回かに分けて行われることも多々ありますので、日ごろから、正常な水を飲み、暴飲暴食をせず（できれば肉類はバイブレーションが荒いため、あまりとらないほうが、干渉波が出にくい）、精神の安定を保ちながら、規則正しい生活を心がけておかれるとよいと思います。

この身体に来る不調が、エネルギー調整によるものか、本当に病気であるかいなかの識別ですが、エネルギー調整の場合は、風邪のようであるけれどちょっと違う感覚がするとか、特に思い当たる原因が見つからないなど、何らかのサインがある場合が多いですので、そこも一つの判断材料にしてください。

けれども一番正確なのは、自らの直観に問い質し、聞いていくのがよいのではないでしょうか。

意識を研ぎ澄ませ、細胞や組織たちとテレパシックな会話（エネルギーコミュニケーション）をしてみることをおすすめします。

どうぞエネルギー調整期間を正しく乗り越えて、より軽やかで新しい自己となり、地球での生活を存分に楽しんでほしいと願っています。

✸多次元世界を行き来するコツ

出身星の自己と融合し、エネルギー調整が終わった後は、できるだけその星の自己と融合した状態が続くように心がけましょう。

最初は違和感を感じるかもしれませんが、慣れてくると、今まで決まったチャンネルしか映らなかったテレビが、マルチ放送になるがごとく、多局チャンネルになるので、あなたはあなたの選択によって自由にチャンネル選びができるため、人生がぐんと楽しくなるのは間違いありません。

ぜひあなたにも多次元世界を行き来する、ダイナミックでパワフルな旅を愉《たの》しんでいただきたいと思います。

ではここで、融合した星の自己をいかに継続するかについてのヒントをお伝えしましょう。

1 出身星のことを意識する

あなたと縁のある出身星のことを思い出したり、写真を見たりして、意識をするという方法です。いつもそうする必要はありません。たまに見る程度で結構です。

もちろん、あなたがお使いのグッズに、その星の写真を貼り付け、毎日眺めてもOKですが、だからといって、あまりそこに執着しすぎないでください。

執着の念が出てくると、意識のパーセンテージが多次元の自分にばかりズームインされるので、せっかくの大切な三次元ボディの学びがおろそかになる恐れがあります。

何事もバランスが必要です。

また、出身星のことを思い浮かべながら、いくつか質問をしてみるのもおすすめです。慣れてくると、多次元自己からひらめきを通して、あなたにメッセージを送ることも可能です。

まずは、出身星を意識するということから始めてみて、徐々に、いくつもある現実、そしていくつもある自分自身にアクセスし、可能性の枠を広げてください。

2 身体を整える

あなたの魂の乗り物である身体は、ガイアからの気前のよい贈り物です。それは大変優秀なバイオコンピューターです。ぜひとも大切に扱ってあげてください。

三次元では必要不可欠な入れ物ですので、高級な愛車を手入れするように、メンテナンスは怠りなくするようにお願いします。

ちなみにメンテナンスが完了しているサインは、「心地よい」という状態です。

心が心地よいこと、身体が心地よいことは、あなたの多次元性自己があなたの身体の中にも宿りやすいことを示しています。

反対にストレスが多かったり、極度の睡眠不足や病気のときは、出身星の自己意識との繋がりが希薄になっていきます。

だったら慢性の病気の人は、無理なのか？　ということになりますが、そうではありません。意識を中庸《ちゅうよう》に保ち、ハートや丹田で感じながら平安な気持ちでいる時間を持つことで、出身星の自己と融合し続けることはいくらでも可能です。

どうぞ自らの放つバイブレーションの質と高低に注意を向けていただくようお願いします。なお、心と身体を整えるための具体的な方法としては、ヨーガや気功、ボディワーク、呼吸法などの実践も有効ですので、活用されてはいかがでしょうか。

3 エゴを極力減らす

エゴ（自我）世界に囚われた住人にならないことは、とても大切です。

宇宙の一つのスケールである意識指数（愛の度数）は、あなたの放つ振動波がどれだけ宇宙の調和度と合致しているかということであり、いいかえれば、**どれだけあなたの中のエゴが手放せているか**ということでもあるのです。

今、活動している私たちとあなたたちの違いは本質的には何ら変わることのない、同じDNA型生命体です。とはいえそこに相違が生じてしまう一番の原因は、このエゴの振動数の割合にあります。

現時空の地球人のほとんどは自我意識によってのみ、人生というステージを歩んでいます。物質性の領域に価値を置きすぎたあなたたちは、精神性の獲得というテーマを後回しにしているようです。

本当は、精神性の獲得のほうが先なのです。なぜならそれはフィルムのネガのようなものであり、ネガを現像したものが物質性の世界だからです。

エゴを減らすこと、といってもすべてゼロにする必要はありません。自らの我欲を増大させてしまう、自然のリズムと反したセルフィッシュなエゴイズムの部分をなくす方向で動かれるとよいのではないでしょうか。

また、心の葛藤や不安、恐怖といった低振動を選ぶのも、エゴが放つ甘いささやき声と同調していることになるので、できるだけ手放していかれるよう意図されてください。

出身星の自己の意識は、あなたのハイアーセルフ（高次の自己）の一部として、ロワーセルフ（低次の自己）であるあなたを常に応援しています。

4 内側を見つめる

これはとても大切なことです。

内側を見つめずして、あなたは何を見つめることになるのでしょうか？

外の世界ばかりに気をとられて、中は散らかしたままですか？


どうかあなたがたに、もっと内省的になってほしいと意図します。

ものごとの答えを外に求めるのではなく、内に求めるのです。

もちろん宗教も信仰も役に立ちますが、あまりそれに頼りすぎないことをおすすめします。あなたの素晴らしいパワーを他に依存することによって譲り渡すのは、エネルギーの使い方としてはあまり効率的ではありません。


どうぞ自らのうちに入り、その奥にある平安で揺るぎのない神の王国にお入りください。

そこには、地球の中核へと繋がる次元の回廊が開かれており、そこを通れば、あなたは出身星にいる自己と、まさに繋がっているのだということをリアルに感じられるようになります。

次元の回廊の向こうには、たくさんの仲間がいます。

歴史上の人物も、他の星の仲間も、動物や植物、鉱物たち、そしてあなたがファンタジーと思っている存在さえも！

とはいえ、そこに行くまでには、やはり訓練が必要です。

ちょっとのズレが大きなひずみを生むもとになります。

とりわけ前述したエゴの割合が高い状態で入ってしまうと、それは神の王国ではなく、神に似せた別な王国に繋がることもありますので（識別の方法には、やはり感情を使います。別な王国に入ってしまったときは、何となく嫌な感じや高慢、饒舌《じょうぜつ》、選民意識、自尊心をくすぐる言葉や色彩明度の違和感などがありますが、大変巧妙なので、鋭敏に心を研ぎ澄ませて感じるようにお願いします）ご注意ください。

まずは、神の王国まで到達しなくてもそこに向かう決意を持つこと。

次に、いい気持ちを選択し、ゆっくりした呼吸と共に心を落ち着けるということ。

その上で、あなたの内奥の奥にある神の王国まで意識を下ろし、そこであなたの多次元性の一部である出身星の自己と出会い、交流を続けていきましょう。

COLUMN 2

本物のUFOとホログラフィーの見分け方

地球では私たちの乗り物のことを、未確認飛行物体（UFO）と呼んでいますね。

あなたの周りにも、それらを見た方はたくさんいらっしゃることでしょう。最近は、まるで週末バーゲンセールのように、出現していますから。

私たちはあなたたちがUFOを見たと興奮する姿を、愛おしさを持って眺めています。

けれども、近年になって現れているUFO報告のかなりの数が、実際の現れではなく、ホログラフィーの挿絵であることを、私たちは少々危惧《きぐ》しています。ホログラフィー技術を使って、天空のキャンバスに現れた未確認飛行物体は、本当にリアルで素晴らしいものです。あっと驚く天空ショーもお手のものなのです。

現在のガイア人のほとんどは、それを見破ることができませんが、本物とホログラフィーの見分け方についての情報をお伝えしましょう。

それは「感情」を使うことです。

ホログラフィーの挿絵として不可思議なものが現れるときは、あなたはあまりいい気持ちがしません。胸の奥がざわざわしたり、きゅっと締め付けられたりするような不快な感覚が訪れますので、その微妙な感覚に心を研ぎ澄ませていただければと思います。

さて、いよいよ本物のUFOについての解説です。

UFOは、あなたがたの星で作られているような元素でできた乗り物ではなく、一種の知的生命体です。それは私のようなクルー（乗組員）のマインド、およびスピリットと一体になって進む意識の乗り物（マカバ）なのです。

振動数を自在に変えることができるので、振動数が高ければ不可視になり、低くすると可視になります。可視として表すときは、必要時のみです。

エネルギー源については、あなたが今、フリーエネルギーと呼んでいるもので、動力源不要の永久機関です。

私たちは、ガイア人に、早くこのエネルギーの活用法を身につけていただきたく、多くの科学者たちにインスピレーションを送ったのですが、まだあなたがたの種全体の意識活性度が低いために、実用段階には至っていないようですね。あともう少しの辛抱であると、お伝えしておきましょう。

ＵＦＯが姿を現す目的は、クロップ・サークルと同じように、宇宙にいるあ

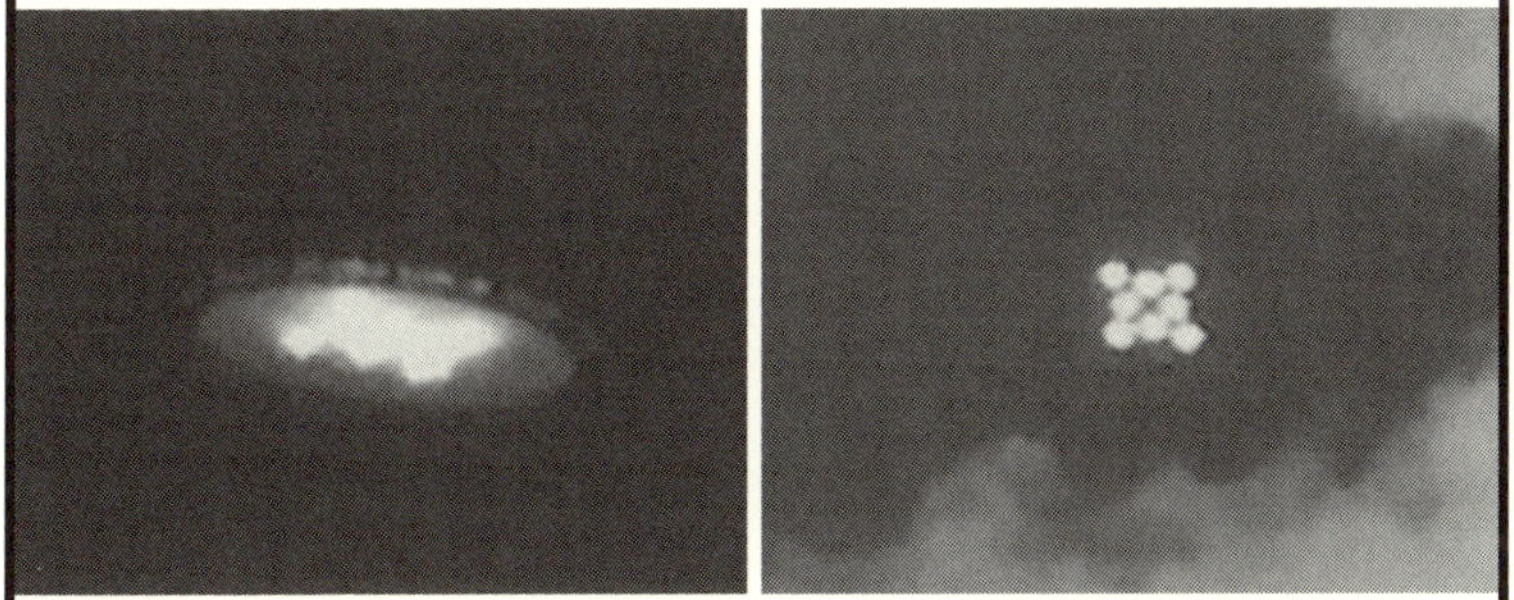

2012年６月15日、オーストラリアに現れたUFO。

2012年５月12日、中国広東省に現れたUFO。

YouTubeに投稿された中国のUFO。2010年7月9日。

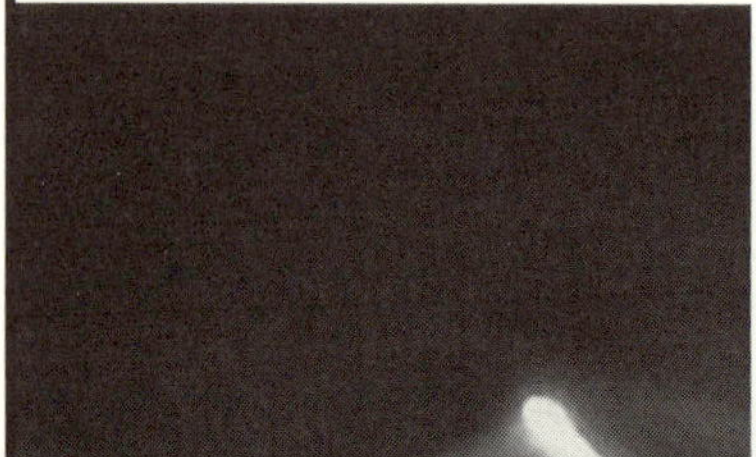

2009年3月、イギリスのサウスハロー上空に現れたUFO。

新疆のウルムチ上空に現れた正体不明の飛行物体。2010年6月30日。

なたの仲間について知らせることと、さまざまな交流が始まる前段階としたいからです。

もちろんUFOはそれだけの目的で来ているわけではありません。

いろいろな場所の磁場調整や個人から集団意識に至るまでのエネルギーサポート、グリッドやボルテックス、ポータルの調整、地軸の調整や放射性物質の変換処理のサポートまで、今、ここに記述することのできない種々のミッションも多数あります。

UFOには、私たちのような銀河連盟、および宇宙連合系の友好的宇宙種族が乗船しているものだけではなく、ただの見学目的で来ているものや、違う意図を持って来ているものなど、多種多様ですので、ホログラフィーの挿絵を見破るがごとく、直観を耕して識別していただきたいと思います。

現在、地球の周りはＵＦＯだらけです。大きいものから小さいものまで、この星の世紀の大スペクタクルショーを見たい存在や、もちろん協力したいものまで、形状やあり方を含め、実にバラエティ豊かです。

中にはあまり友好的ではない種族も含まれておりますが、だからといって、地球人好みの「正義対悪」といったヒーローもののような感覚で、ＵＦＯや私たちを分類しないでください。

あなたが思っているほど、「宇宙」は単純ではありません。

それぞれの種に、それぞれの目的があり、意図があります。
あなたがその意図に乗るのか、乗らないのか、それはあなたの選択です。
あなたの出す想念波が、あなたに必要な体験を起こさせていくことでしょう。

あなた自身の明確な意図と、出すエネルギーの質によって、出会う存在も異なるでしょう。

●太陽に近づく謎のUFOは高次の宇宙存在です

ところで最近、太陽に近づく謎の未確認飛行物体や現象が起こっていることが、あなたたちの星では話題になっているようですが、こちらについても少し言及しておきましょう。

これらの物体の正体は、高次の宇宙存在たちによる、太陽制御のテクノロジーであると同時に、太陽内部にあるスターゲートを通過する際の痕跡です。

太陽系の中心星である太陽には、太陽磁場圏内の星々に適応する最適な次元間移動装置が備えられており、十次元以上の高次存在が太陽磁場圏に出入りするときに利用するものです。

この次元間装置は、それぞれの惑星にもあり惑星スターゲートは、太陽スターゲートと共振しながら、各自の役割を遂行しています。

現在の太陽は、すでに多極構造となっており、大変活発化しています。スーパーフレアがいつ起こってもおかしくないほどに励起《れいき》状態にあります。

それらの活発化した粒子の一部は、順調に地球の内核にも蓄えられ、太陽も、あなたたちの星も、水面下で着々と次のステージに向けての準備を整えているところです。

それはまるで天の産道を通って、新しく生まれ変わるようなものです。

助産婦役を引き受けている元締めは、天の川銀河の中心意識であり、それをサポートしているのがアンドロメダ銀河、さんかく座銀河、ひまわり銀河他、多くの銀河意識たちです。

それらの意識に同調して、私たち銀河連盟、および宇宙連合もミッションをこなしています。

これらの現象を視覚化させて見せているのは、あなたたちに宇宙のことをもっと深く理解してほしいからです。どうぞ、地球の初歩的な科学技術をもって、高度な科学を有したといううぬぼれは、そろそろ卒業したほうがよいでしょう。

私たちは、あなたがたに高次宇宙科学や医療などの技術、芸術や文化、しくみを教えられる準備が整っています。ガイア人すべてに門戸は開かれています。学びの教室の一つが、あなたと縁のある星のＵＦＯの中です（ガイア生まれのガイア人には、アガルタ製ＵＦＯが待っています）。

全員分の椅子が整えられています。あとは乗るだけですよ。

どうぞあなた自身が光の乗り物であるマカバに包まれ、乗船していただけますように。

まずは、肉体を離れて活動している睡眠中に、意識体としていらしてください。

第4章

宇宙連合からのメッセージ
あなたの周波数は変えられる

✸現実は一つではなく、パラレルセルフが違う現実を生きています

あなたがこの本を手にとったのは、単なる偶然ではありません。
すでにそうなるようにプログラムされていたのです。

では、どうなるようにプログラムされていたというのでしょうか？

それは、**あなたの表面がどうであれ、潜在意識、超意識下にあるあなたの他の部分が、あなたをさらなるステージに引き上げることを意図している、**ということです。

そのステージとは、多次元性の獲得です。

そうです。

あなたは多次元体となるのです。

この変化、上昇のパラダイムシフトを、地球人の好きな言葉を借りて表現すると、「アセンション」になります。

あなたがたにはまだ慣れない概念かもしれませんが、現実は決して一つではありません。**無数にあるリアリティの中の1個だけを捉えて現実と呼んでいますが、実際は多数存在しています。**

今、あなたたちは集合的現実と呼ばれる思考と時間の世界の中に埋没する、脳内システム上にある劇場に埋没していますが、近い将来、多くの人がその劇場から出ていくという体験をすることになるでしょう。

もちろん、劇場にい続けるかいないかは、各自の自由意思によって決まりますので、そこにい続けることをコミットした人は、同じ劇場内での上映が繰り返されることでしょう。

それは選択なのです。


現時空の地球人が選んだ集合意識が作る「現実」の流れのことをタイムラインと呼んでいますが、私たちから見ると「挑戦しがいのある現実を選んでしまったな」と感じています。

もちろんタイムラインはいくつかあり、その中のどれを選ぶかは100パーセント確定ではありませんが、どのラインを選ぶにせよ、魂の経験としては大変有意義な、脳内劇場となるでしょう。

ただしそれも「選択」です。自らの選択によって、現在進行中の脳内劇場から出ていき、新しい劇場へと向かうことも可能です。


新劇場は無数にあります。これをパラレルワールドと呼び、そこにいるであろうあなたのことをパラレルセルフと呼びます。

実は今現在も、**あなたは一人ではなく、複数のパラレルセルフが同時進行、同時共振して、違う現実を生きています。**

あなたが多次元性を獲得することによって、パラレルセルフの自己と融合することも可能ですし、一度に複数のパラレルセルフを体験し、複数の現実を生きることもできるのです。

ただし、複数の現実を、あなた自身の表面意識が理解できる多次元性の獲得については、あなた自身がかなりの意識指数を持っていなければ困難になるでしょう。

意識指数とは別名、愛の度数ともいい、その人から放射されている生体フォトンの強さによって測ることができます。

それを**放射輝度**というのですが、輝度が高まっていなければ、やはり今まで
と同じように、1個の現実しかないと信じている脳内劇場の中に留まらざるを
得ないでしょう。

あなたの脳内劇場には、**強いブロックがかけられており、本人のたゆまざる
意思と実践の継続によって、自らの意思でブロックを壊し、鍵を開け、閉じら
れた狭い部屋からのスイムアウトを果たすことができます。**

執着や批判、恐怖、不安、比較、競争などの低振動高密度の周波数はブロッ
ク強度を上げますのでご注意ください。

というわけで、ブロックを壊すのは、その逆波動を出しながら、自らが強い
エネルギー磁場を放つことです。

そうして、たくさんある現実の中から、自らが望むベストなパラレルワール

ドへのクォンタムリープ（量子的飛躍）を果たされるとよいでしょう。

私はその場所からあなたと再び会える日を楽しみにしています。

✹多次元振動数を乗りこなそう

出身星を知るということで、あなたは、あなたの中にある複数の自己を知るという旅に出かけました。

それは、鏡の中に存在するあなたの瞳を眺めて、その中にいる人の瞳を眺め、それが永遠に続くような、めくるめく体験の旅の始まりです。


あなたは一人ではありません。あなたには複数のあなたがいるのです！

さまざまな場所で活動する自己。消えたり現れたりする自己。それもすべてあなたというパーツの一部です。なぜそうなるのか考えたことはありますか？

それはあなた自身が、宇宙の中心だからです。
あなた自身が、神なるものと一つだからです。

あなたがこの事実を真に認め、それを生きるようになればなるほど、このことに頭ではなく、身体全体で細胞一つひとつが反応し始めます。

こうして、あなたは自身のあり方を再構築し、新しい現実を創造し始めるのです。

あなたが三次元にいる自己だけにフォーカスするときは、ズームインの状態です。反対に多次元にいる自己たちにフォーカスするときは、ズームアウトの状態です。

そうしていったん、ズームアウトして意識を拡大して再び、別な振動数で活動している多次元の自己の一部にズームインするのです。

戻ってくるときは、三次元にいる自己の振動数にチューニングを合わせ、再びズームインさせます。

こうしてあなたは、同時共振するさまざまな自己のあり方と共鳴し合い、今、この空間にいながら、宇宙を旅することができます。

優秀なるワンダラーであったゴータマは、このことを**観自在**という名で呼びました。

✸シンクロニシティは六次元からの贈り物

多次元振動数の波を乗りこなしていくには、最初は1個の異なる「現実」から始め、徐々に違う現実に対しても受け入れられるようにコミットし、あなた自身のあり方を再設定していくようにされるとよいでしょう。

その際によく起こる現象として、シンクロニシティ（共時性）の多発と、ものが消えたり現れたり、ということが起こってしまうことがあります。

シンクロニシティとは、六次元領域からの贈り物で、同時共振するさまざまなサイクルである時間位相が、時空を超えて共鳴し合う働きのことをいいます。

あなたがこの本を読んでいることも、素晴らしいシンクロニシティなのです。

次に、ものが消えたり現れたりするということについてですが、とりわけ、高い意識で共振しているクリスタルや、自らが執着しているもの（鍵や指輪、思い出深いものなど）が、いつのまにか普段ある場所からなくなっているという体験をする人もいます。

それは同時空間にいると思っていながらも、実際は違う時空の中に差し替えられているということなのです。

顕在意識はそれを認識していませんから、「あれ？　なくなった」ということになるのですが、スライスされたような別の時空間にテレポーテーションしていて、役割が終わったら、もとの時空へと戻ってくるということもあります。

もし、あなたの身の回りで似たようなことが起こったら、たいていそこにはメッセージが含まれていますから、その声なき声に耳を傾け、共時性も含めて、すべての出来事を尊い贈り物として受け取るようにしてください。

こうした態度が急速な進化を促します。

いずれにしても、3章に記述している可能性の限界を広げる意識の志向性・三つのステップを実行されながら、こだわりや囚われをなるべく抱かずに、悠々と進むように意図されるとよいでしょう。

✹銀河の中心と共振する装置が地球の中心にあります

あなたが多次元体となっていく際に、ぜひともお伝えしたい素晴らしい情報があります。

それは、多次元へと繋ぐエネルギーフィールドのＣＰＵ（中央処理装置）が、大地の下にあるということです。

どこか遠い宇宙に出かけるまでもなく、**宇宙の原初の光を内包し、銀河の中心帯とも同調する万能計時測が、地球の中心である核内にあります。**

これは、**次元間移動装置**ともいえるもので、あなたがそこに意識を合わせ、チューニングが完了することで、共振、同調の波が起こり、増幅し発信します。

意識を合わせる際に、一番よい時間は「今」です。

「今」この瞬間にフォーカス・オンし、心を静めてから、地球の中核に向かって意識のビームを発射をするわけです。

たたし、意識のビーム波は、同じ波形を持つものと同調共振しますから、ご自分の出される波形に責任を持つことをおすすめします。

また、地球の内部に意識を向けるには、地球の外側にある贈り物——環境や自然——に対して敬意と愛情を持って接することも大切になります。

ここを雑に扱っている人は、どんなに他が素晴らしくても、泥のついた靴のままベッドの中に乱入するようなもので、それは不作法と呼べるものでしょう。

こうして、あなたは地球の中心にある次元間移動装置と繋がりながら、低周波から高周波まである、さまざまな階層・次元の多種多様な世界を行き来し、自在に旅を楽しむことができるようになります。

多次元宇宙の旅へようこそ！

✸あなたの周波数が変われば情報も変わり、時間が変われば空間も変わる！

現在、宇宙船地球号は、順調に**次元の衝突**に向かって突き進んでいます。次元の衝突は、現在の時間軸である12：60のビーム周期の終焉も意味しています。

とはいえ、現在、三次元である地球の特徴は、「思ったことが具現化する」という領域での学びですから、ビームの終焉を認めない人たちにとっては、認めない現実、つまり今現在のあり方と、あまり代わり映えのしない現実の中で、さらに厳しい課題を選び取る自由が与えられます。

とりわけ、地球でチャネラーと呼ばれる異次元間ビューアーたちが、自らの窓から見える近未来の時空間のビジョンを語っていますが、前述したように、時間は直線ではなく、同時共振する多数にわたる振動のサイクルと光でもあるため、直線的に捉えようとすると無理が生じます。もちろん、そこに広がる空間も一つではないがために、ストーリーも多種多様になってきます。

宇宙的真実からすれば、どれも真実ですし、どれもある種のリアリティであるといえるのです。

しかし一方では、どれも真実ではなく、どれもリアリティになり得ないということでもあります。

つまり最終的に、あなた自身によって作られていくリアリティを体験することになるでしょう。

どうぞその際、あらゆるものは潜在的可能性の場であり、何事も「絶対」として捉えるのは無理があること、そしてあなたこそが、すべての可能性を体験することができる、パワフルな源泉であることを忘れないようにしてください。

やがて、このような本も読む必要がなくなるでしょう。なぜなら各自がダイレクトに本源と繋がるようになるからです。

それまでのお手伝いとして、私はこのような情報を提供していますが、どうぞ本書の情報さえも、１００パーセント固定化された未来であるとは捉えないでほしいのです。


周波数が変われば情報層も変わり、時間が変われば空間も変わります。

すべてはダイナミックな宇宙の脈動です。

そしてその脈動を起こしている張本人が……あなたの本源です。

どうぞ自らの本源意識と繋がることを、暮らしの中心に据えていただきますように。

✸銀河系の時空間調整「光の降雨」に向けて

地球の歳差運動の周期である2万6000年は、あなたの星のお母さんである太陽の、そのまた中心太陽であるプレアデス星系の中心星、アルシオンを回る公転周期と合致します。

アルシオンは永遠の磁性を持つ、銀河の中心から放たれている同調周期のフォトン軌道の中に存在しており、常に銀河の中心と同調しながら、銀河系における時空間調整係を司っています。

アルシオンの子どもである太陽が、お母さんの周りを2万6000年で一周するうちの、1万1000年はアルシオンより離れ、戻っていく回路であり、それが過ぎると約2000年間は母の胎内に抱かれ、高周波の電磁波&プラズマ羊水に浸りながら、時空間調整を行います。

このことを、通称「**光の降雨**」と呼んでいます。


この領域を通過する際は、たいていはブラックホールと呼ばれる、光さえも通過することのできない、事象の地平面を通過し、〝すっかりシャワーを浴びてきれいになってから〟新たにホワイトホールから抜け出し、星々のバージョンアップが図られます。

そうして光の2000年王国を過ぎた後、また1万1000年かけて、中心太陽から離れ、銀河の闇を旅していくのです。


前回の突入時にこの星で起こったことは、レムリアおよび、アトランティスと呼ばれる大陸の消滅でした。

太平洋にある大きな大陸だったレムリアの民たちは、環太平洋を中心に離散

高周波の電磁波とプラズマ領域を通過するとき、ブラックホールからホワイトホールへ抜け出して星々のバージョンアップが図られる。

しました。とりわけ、自我とテクニックによる文明におぼれていた彼らに警告を発していた聖職者集団を中心とした民たちの一部が、大陸沈下時には、当時聖なる峰々だった日本に逃れ、再建の努力をしたという経緯があります。

けれども、だんだんとそうした文明の記憶が閉ざされていき、あなたたちは原始的になってしまいました。

そして、3600年周期で訪れるニブルの再来と共に、レムリアで培った叡智はほとんど忘れ去られ、ニブル文化的なヒエラルキー社会が構築されるようになっていきました。

一方、他のレムリアの民たちは、地中深くへと非難し、一大王国を作ったグループもあります。

その中において、平和的で進取的な気風を持つ元レムリアンたちが、他の星との交流を続けながらでき上がった精神性の高い都市のことをシャンバラと呼んでいます。

この場所には、地球の進化と霊的成長を司る12人の大使からなるホワイトブラザーフッド（聖白色同胞団）というアセンテッドマスターの精神的ネットワークがあり、一部の地表人と現在も連携をとりながら、地球進化全体の行方を見守っています。

シリウス人である私から見ると、**地表も地底も同じガイア人**なので、ぜひとも地表人であるあなたたちの波動が友好的地底人と交流できるほどまでには上がっていただいて、双方が連係プレーをとりながら、テラガイアの担い手となって歩んでほしいと願っています。

ちなみに、地底に住むアガルタ王国のエネルギー源は、地球の中核にある高周波なプラズマエネルギーを利用しています。

地上ほどには明るくなくても、中心太陽として機能するには十分であり、天候による脅威もありません。

非常に快適で、素晴らしい環境です。

私たちも時折訪れるのですが、その際、アガルタ人は濃密な香りのする果実や滋養豊かな飲み物で、我々を心から歓待してくれます。

ゆったりとしたローブのような服をまとい、大柄で大変長寿の彼らは温和です。

いつの日か、あなたともご一緒に旅ができるといいですね。

✹地底アガルタに行くかスペースシップ、またはクォンタムシフトコース？

さて、地球が次の時空に差し替えられるテレポーテーション時には、この、地底アガルタの振動数に耐え得るごく一部の地表人を、地中に招き入れるアジエンダがあります。

また、私たちのような異次元存在が、スペースシップにて保護することもあります。あるいは、身体も含めて環境すべてがいったんクォークレベルにまで解体され、再び、構築されることを選ぶ人たちもいます。

もちろんほとんど気づくことなく地球星に残る人や、地球服を脱いでから行く人など、実にさまざまなバージョンで体験されることになるでしょう。

どの経路を歩むかは、魂レベルですでに決定済みですが、もし、アガルタやスペースシップ、元素変換によるクォンタムシフトコースを選んで、新しい地球の振動数に移行したいのであれば、30万回転を超える元素の振動数と高い放射輝度を獲得する必要がありますので、覚悟を決めて強い意思のもと、歩まれてください。

宇宙の同胞である私たちは、テラガイア星地表人であるあなたたちが、今度は銀河人として歩み始める際に、大規模なパーティを開くことになっています。

宇宙のパーティです。

招待状は届いていますでしょうか？

それともまだ気づいていないのでしょうか？

✸次のステージ、宇宙黎明時代を生きる

宇宙ではパーティの準備が着々と進められています。

一人でも多くの地球人がこのパーティの招待状を受け取り、参加してほしいと願っています。私たちは今後も銀河連盟と宇宙連合のサポートを受けながら、できる限りのサポートをさせていただくつもりですが、ここで一つはっきりさせておきたいことがあります。

それは、あなたがやるのです。

誰かが助けに来てくれるだろうとか、救世主が現れるであろうとか、何とかしてくれるだろうといった甘い考えは、たった今、完全に排除してください。

今回は、誰も助けに来ませんし、救世主も現れません。

もしそうであるならば、あなたは直観を磨く必要があります。

あなたを助けるのはあなた自身です。
あなた自身が救世主です。

実は、地球人がそうした期待を寄せるのも、あるいは不安感や孤独にさいなまれるのも、そのもとを作ってしまったのは、私たちに責任があります。私の分身である五次元存在のプレアデス人であるマウサウは前回の光の降雨に突入時に、人間の次元に深く入り込みすぎ、侵してはいけないことをしてしまいました。

つまり、人間の次元に介入して、助けようとしてしまいました。それが宇宙の不作法であることを、のちに深く反省した私をはじめ、多くのプレアデス人とその同胞たちは、現在に至るまで、いっさい直接介入をしないことを約束しました。もうこれ以上、地球の人々の進化を遅らせることをしてはならないのです。

宇宙の同胞である私たちは皆、「愛と忍耐を持って見守り続ける」という決意のもと、高次の意識と共振するガイア人たちに、ひらめきというかたちを通して宇宙にある法則性や技術を伝えていくサポートをさせていただいておりました。

ワンダラーたちも、たくさん地球に送っています。

そうした中で、インスピレーションを受けた一部のガイア人たちは、芸術や宗教、科学、哲学といったかたちで、宇宙における創造の種をまきましたが、その恩恵を受け取っているガイア人はまだまだ少数のようです。

どうぞ己の内の直観を研ぎ澄まし、何が自分に必要で、不必要なのかを再考してください。

あなたの選択が、あなた自身のあり方を決定づけています。

あなたの想念波が結晶化したものが、物質世界に現れるのです。
力を他に譲り渡し、他人任せで歩み続ける限りは、真の成長はあり得ません。

今回のステージにおいても、宇宙船が来て助けてくれるだろうとか救い上げてくれるだろうといった他力本願的な考え持っている限りは、到底「救い上げられる」域には達していませんので、残念ながら望みはかなわない可能性のほうが高いでしょう。

地球人のことは地球人でやるのです。
あなた自らを灯りとして、大いなるいのちのもとに進むのです。
どうぞこのことを充分理解してお進みください。

私たちがお手伝いできるのは、この下限レベルをクリアーしている周波数を持ったガイア人たちです。それは差別ではなく区別です。

あなたが意図する場所にきちんと行けるように、私たちもさまざまなかたちでサポートしておりますので、どうぞそれらのサポートをキャッチできるべく、自らのバイブレーションを上げ、一人でも多くエゴの振動数をなくす努力をしていただけたらと願っております。

最後に、次のステージへ進むためのシンボライズしたヒントをお伝えします。

あなたは地球人でもあり、
地球人以外の存在でもあります。
あなたは多数の身体を持ち、多数の次元に存在する、
多次元的な存在です。

自らの星と繋がったあなたは、
違う次元で振動するあなた自身の姿と出会いました。

違う次元で活動するあなたは、
新しい認識と現実創造の知恵を獲得している、
三次元のあなたの教師的存在です。

深くうちに入り、あなたという存在の中にある、
より高い周波数の存在と融合してください。

あなたの信じる限界を広げましょう。

知覚器官に頼りすぎないようにしましょう。

一つのことに囚われすぎず、広い認識を得るように心がけましょう。

パーティの招待状は、あなたの心の中のある、
秘密の小部屋に置いています。

部屋の鍵はあなたが持っています。

部屋の名前は「Multi-dimension」
マスターキーナンバーは、3／6／9。
鍵のストラップは12ストリングス。

さあ、用意はいいですか。

扉を開けるのは、

あなたです。

ファルス　Phalus

銀河連盟に所属する6.2次元の知性体。ライトボディとなった肉体を持っているが、同時に多次元振動数を乗りこなしているため、マカバに包まれた3次元知性体の身体も持っている。シリウスBを拠点としているシリウス人である。現時空における地球人類の意識進化に寄与すべく、銀河連盟及び宇宙連合より派遣された光のチームの一員として活動している。

あなたはどの星から来たのか？

あなたの出身星がわかる本

第一刷 2012年9月30日
第四刷 2017年6月30日

著者 ファルス

発行人 石井健資
発行所 株式会社ヒカルランド
〒162-0821 東京都新宿区津久戸町3-11 TH1ビル6F
電話 03-6265-0852 ファックス 03-6265-0853
http://www.hikaruland.co.jp info@hikaruland.co.jp
振替 00180-8-496587

本文・カバー・製本 中央精版印刷株式会社
DTP 株式会社キャップス
編集担当 豊島裕三子

ISBN978-4-86471-058-9